WOMEN AIRFORCE SERVICE PILOTS

시나리오 얀(Yann)
그림, 컬러 로맹 위고(Ramain Hugault)
번역 박홍진

길찾기

엔젤 윙스 버마 밴시

2018년 10월 30일 초판 1쇄 발행

시나리오: 얀(Yann)
1954년 프랑스 마르세유에서 태어났다. 본명은 얀 르펜느티에. 1974년 만화 잡지 『스피루』 지에서 만화가로 데뷔했다. 그의 작품은 유머 있고, 시니컬하고, 공격적이고, 로맨틱하다. 방대한 지식과 정확한 역사 고증을 바탕으로 한 그의 글들은 언제나 독창적이고 예기치 못한 에피소드들로 가득하다. 주요 저서로 「형편없는 사람들」, 「화이트 타이거」, 「판업」 등이 있다.

그림, 컬러: 로맹 위고(Ramain Hugault)
1979년, 공군 대령의 아들로 태어나, 17살이 되던 해부터 전용 비행기로 프랑스 하늘을 누비고 다녔다.
파리 고급 예술 및 그래픽 산업학교인 에꼴 에스티엔느 졸업 후, 비행기나 공군과 연관된 항공 관련 일러스트레이터로 활동했다. 항공 만화 베스트셀러인 시리즈를 낳았다. 그 밖의 주요 작품으로 「구름 저편에」, 「마지막 비행」, 「에델바이스의 파일럿」, 「수리부엉이」 등이 있으며, 프랑스 최고의 항공전문지인 「Le Fana de l'Aviation」 의 표지 일러스트레이터로도 활동하고 있다.

번역: 박홍진
한국 외국어 대학교 불어과와 한국 외국어 대학교 통역대학원 한불과 졸업, 통, 번역사로 활동하다 2001년 도불, 2003년부터 SEEBD, 칸틱 등에서 한국 만화를 출판했다. 2015년부터 한국 콘텐츠 진흥원 콘텐츠 비즈니스 위원단 자문위원을 역임했다. 주요 번역서로 「뚱뚱한 사랑」 「해」, 「뇌」 「아니, 이게 나야?」 「U-47」, 「 내 이름은 르네 타르디, 슈탈라크 II B 수용소의 전쟁 포로였다」 「남극의 여름」 등이 있다.

저　　자　얀 , 로맹 위고
번　　역　박홍진
편　　집　박관형 , 정경찬 , 이은지
마 케 팅　김정훈
발 행 인　원종우
발　　행　이미지프레임
　　　　　주소 [13814] 경기도 과천시 뒷골 1 로 6, 3 층
　　　　　전화 02-3667-2654 팩스 02-3667-3655 메일 edit01@imageframe.kr 웹 imageframe.kr

책　　값　20,000 원
I S B N　979-11-6085-398-8 03390

ANGEL WINGS Vol. 1, 2 & 3 by Yann (scenarist) and Romain Hugault (drawer)
Vol.1 © 2014, Vol. 2 © 2015, Vol. 3 © 2016 Editions Paquet.
www.groupepaquet.net
All Rights Reserved
Korean translation ©2018 by Image Frame
Korean translation rights arranged with Editions Paquet through Orange Agency

목차

필 어데어는 밴시 전투기를 상징하는 파일럿이다. 어데어는 자신의 전투기 P-40 '룰루 벨' 을 타고 총 113회의 임무를
수행했다. (룰루 벨의 바퀴 옆 면은 1930년대 스포츠카처럼 흰색으로 칠했다) 어데어는 홀로 64대에 달하는 일본군 전투기와
조우한 상황에서 한 대를 격추하고 한 대에 큰 손상을 입힌 후, 총 16발을 피탄당한 기체를 이끌고 귀환하여 은성무공훈장을
받았다. 필 어데어는 미국 서부에서 가족과 함께 평화로운 은퇴 생활을 영위하다 2017년 5월 13일 영면했다.

소중한 도움을 주신 분들께 작가로서 깊은 감사를 드립니다 :

'버마 밴시' 에 대한 자료 수집을 돕고 베테랑 군인들과의 미팅을 주선해 준 쟝 바르보, 미군 유니폼과 항공 장비에 대해 조언해 준 마티유 비앙시,
CBI(중국 버마 인도) 작전 지역 전문가 알렝 앙리 드 프라앙, 미군 여성 파일럿(와스프 WASP) 및 연락기 관련 자료 수집을 도와준 아르노와 이자벨 바젱,
P-40 기종 조종에 대해 조언해 준 파트리스 마르샤송.

와스프들이 착장했던 금속 휘장은, 와스프로 근무하다가 종전 후 보석 세공업자가 된 플로랑스 레이놀이 만들었다.
이를 사진으로 찍어, 본 서적 표지 로고를 제작했다.
제목과 3페이지의 셀틱 문장의 캘리그래피는 산디 르 셰의 작품이다.

www.collection-cockpit.com

1장
버마 밴시

커티스 라이트 P-40 워호크
CURTISS-WRIGHT CORPORATION – P-40 WARHAWK

엔진	엘리슨 V-1710-81/99	항속거리	2,414 km
출력	1,200마력	무장	브라우닝 M2 12.7mm 중기관총 6문
수평최고속도	586 km/h		최대 2,000파운드의 자유낙하폭탄
최대상승고도	9,300 m		

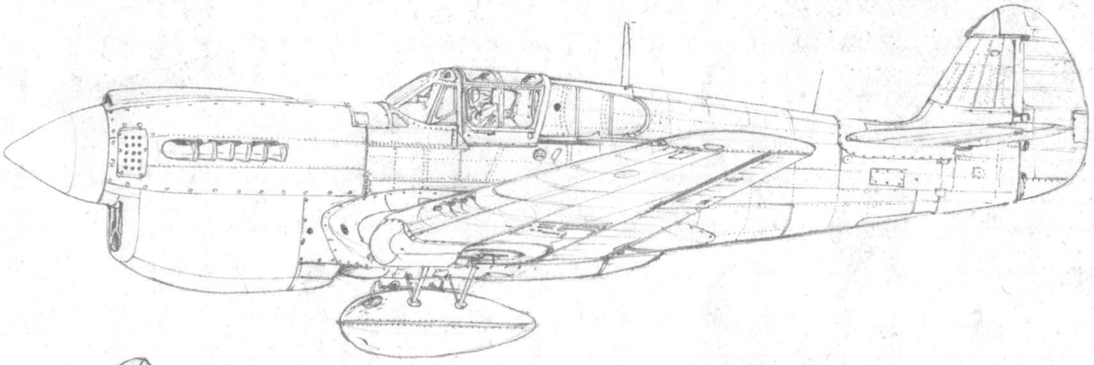

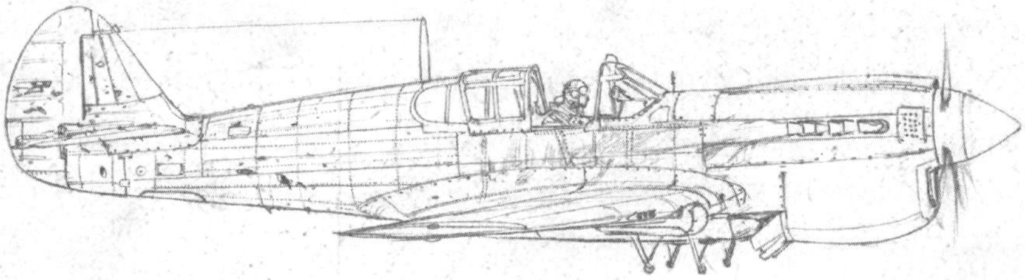

길고 긴 겨울 밤, 닉 노인은 몹시 화가 났다. 닉이 잦은 기침을 하자, 질 나쁜 위스키의 악취가 섞인 차가운 숨은, 손톱이 뾰족한 긴 손가락으로 아일랜드 들판의 짧게 깎인 관목들을 훑듯 쏟아져 나왔다. 날카로운 바닷새들의 울음소리가 음침한 장송곡과도 같은 안개를 찢었다. 가슴에 박히는 듯한 야생의 끔찍한 아름다움이었다...
파도들이 게일 지방 해변에 부딪혀 부서졌다. 이 해변은 미친 유령의 송곳니처럼 삐죽한 암초가 솟아 있었다. 그때, 안개 속에서 앙상하고 키 큰 인영이 나타나, 얼어붙은 바람에도 아랑곳 하지 않고, 앞으로 걸어 나왔다. 모습의 정체는 늙은 과부로, 얼굴은 창백하고, 머리카락은 회색이었으며, 굶주림으로 죽은 아이들 때문에 하도 울어 움푹 들어간 눈은 핏빛이 돌았다.
노파는 서슴지 않고 마른 돌로 벽을 쌓은 어두운 오두막을 향해 걸어갔다... 이날 밤, 이 오두막에서 누군가가 죽게 되리라는 것을, 늙은 노파의 형상을 한 밴시는 이미 알고 있었다! 밴시는 자신에게 소유된 것, 즉 죽은 자의 영혼을 가져가기 위해 이 곳으로 온 것이다... 오두막 안에는 불이 거의 꺼져가는 벽난로 근처에 몸을 웅크리고...
작은 소년이, 침대를 대신해 마른 해초에 몸을 뉘인 자신의 여동생을 보며 울고 있었다... 상냥하고 부드러운 소녀, 미니 무세가 목전까지 다가온 죽음으로 고통스러워 할 때, 갑자기...

갑자기… 뭐요?
계속 읽어주세요!
싫어, 난 무서워!
마른 해초가 뭐예요?

갑자기!

단검처럼 날카로운 이를 드러내고 미소를 띤 채,
머리카락이 허연 '밴시'가…
문을 열고 들어왔다!

아아악!!
밴시! 밴시야!

* 피피넬라는 디즈니사에서 제작한 영화 「그렘린」에 나오는 암컷 그렘린의 이름이다. 2차 대전 당시
미군 여성 파일럿(와스프 WASP) 부대에서 디즈니사의 승낙을 얻어 피피넬라를 마스코트로 썼다.

* 민간 항공기인 더글라스 DC-3 기종을 개조하여 군용 수송기로 사용한 DC-47 기종의 별칭.
'하늘을 나는 기차 skytrain'이라는 별칭도 있다.

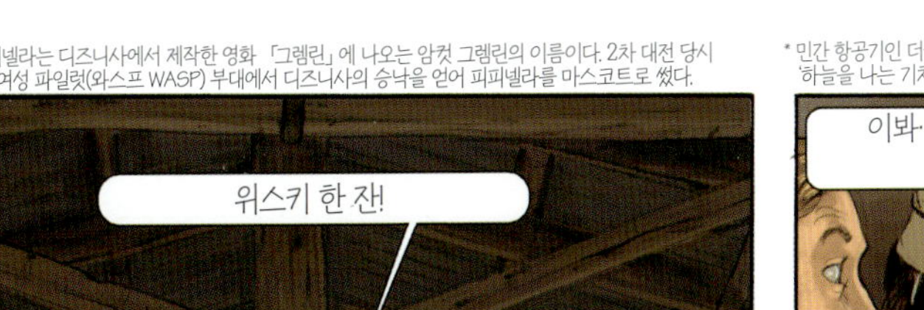
위스키 한 잔!

이봐, 롭! 네가 말하던 '밴시'가 피피넬라*였어?

다들 비켜, 하이에나같은 놈들! 술이라면…

이봐… 미스. 금방 다코타* 한 대가 착륙했던데 아가씨가 몰고 온 거야?

아니면 인도에선 소방관들도 항공 점퍼를 입고 다니는 지도 모르지…

여기 공군 여성파일럿 부대휘장을 봐도 몰라?

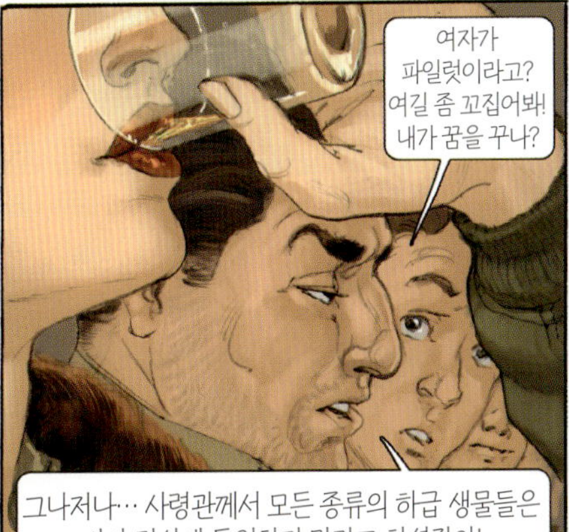
여자가 파일럿이라고? 여길 좀 꼬집어봐! 내가 꿈을 꾸나?

그나저나… 사령관께서 모든 종류의 하급 생물들은 버마 전선에 투입하지 말라고 하셨잖아!

뭐, 하급? 네 놈이 주둥아리를 그렇게 함부로 놀려대면…

누가 하급인지 내가 제대로 보여주지!!

한 방 먹었다는 건 이런 거야, 에르니!

어, 잔이 비었잖아! 내가 한 잔 쏠까?

아니, 나야! 내가, 내가 살게!

야야, 어디서 수작이야! 내가 내지!

하하하, 대답 한 번 걸작이군, 미스!

숏 스노터*가 가장 긴 사람이 우선이지!

다들 어떻게 하는지 알지, 친구들! 뭉치들 꺼내봐!

?!

쟤 말이 맞아! 그게 원칙이지!

* 숏 스노터short-snorter는 같은 비행기를 타고 여행하는 사람들이 함께 서명을 한 지폐를 뜻한다.
이런 전통은 1920년대 알라스카 오지 항로를 운항하는 비행기에서 시작되어, 군용기 및 상업 운항기로 번져 나갔다.
2차 대전 때에는 승무원들이 유럽으로 참전하는 병사들의 안전을 기원하며 서명했다.

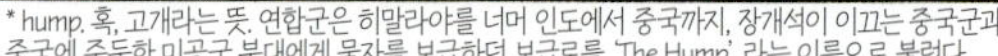

* hump. 혹, 고개라는 뜻. 연합군은 히말라야를 너머 인도에서 중국까지, 장개석이 이끄는 중국군과
중국에 주둔한 미공군 부대에게 물자를 보급하던 보급로를 'The Hump' 라는 이름으로 불렀다

카라치* 10km 지점 메어 공군 기지. 1944년.
*파키스탄 남부 최대의 도시
연료는 가득 채웠어!
언제 출발해?
진정해, 그래프!
아직 할 일이
몇 개 더 남았어…
더 기다리라고?
뒤쪽에 있는 여성 승객
들이 못 견뎌 한다구!
목이 말라 한단 말이야!
내가 뭘 어떻게 해야 돼?
난 부조종사지 집사가 아니야!
여성 승객들?! 왜 여성 파일럿 부대 전체가
움직이는 거야? 내가 도와줄까?
어떻게 해서든 알아서
좀 더 대기시켜.
로빈스, 고맙지만 사양할게.
무슨 수를 쓰든 애들 진정시키고, 가서 뭘 좀 먹어.
남은 거리가 500마일이니까, 앞으로 4시간에서 6시간을 더 비행해야 돼!
난 지휘 본부에 가서
비행 허가증부터 제출하고 올게…

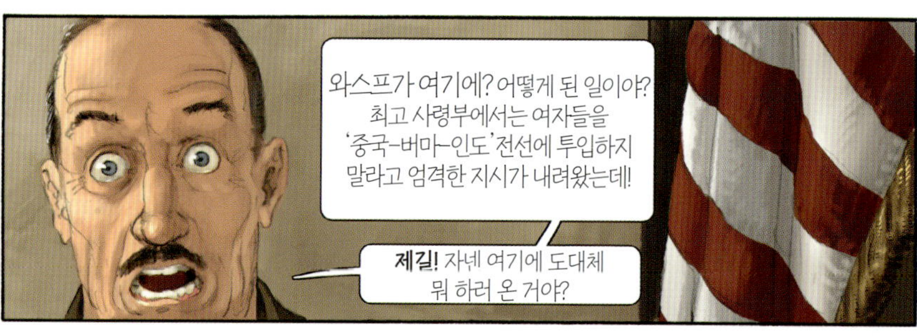

* 'nip'. 일본인들을 얕잡아 부르는 말

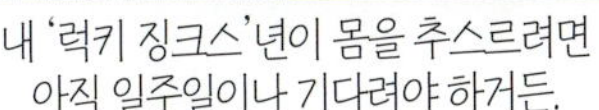

* 커티스 P-40 워호크, 2차 대전 당시 미 육군이 운용하던 전투기

제길, 이미 1차 목표물이 시계에 들어왔어야 한다구.
지쯔(Jizu) 산 정상에 '파파마스텍'이라는 불교 사원이 있다는데, 왜 안 보이지? 왜?

이봐 꼬마, 조언 하나 해줄까? 그렇게 안절 부절하면, 땀이 나게 돼. 문제는 너 같은 빨간 머리들은 땀내가 쩌는데, 조종석 공간은 좁단 말이야!
그러니, 뒤에 있다는 예쁜 여자 승객 분들한테 가 있는 게 어때?

온통 희뿌연 이런 곳에서 어떻게 위치를 확인하지? 구름 때문에 봉우리들을 식별하기 힘들어. 봉우리로 비행 경로를 확인하라고 했는데, 하나도 안 보여!

봉우리는 신경 꺼! 오히려 골짜기 아래 쪽을 보는 게 좋아!

반짝이는 금속들이 보이지, 미스? 저건 '알루미늄 트레일'이라고 부르는 건데, 산자락에 충돌해 추락한 수 백 기의 항공기 잔해야.

맙소사! ...끔찍하군!
그래, 소름 끼치지. 하지만 우리가 제대로 가고 있다는 반증이기도 해!
통계에 따르면 1천 톤의 화물을 운송하기 위해 파일럿 세 명의 목숨을 '험프'에 묻어야 한다고 하더군!

* 노스 아메리칸 항공에서 제작한 미국의 쌍발 중형 폭격기. 2차 대전 중 거의 모든 전역에서 운용되었다

* 나카지마 ki-27. 일본군이 1940년부터 주력 전투기로 운용했으며, 일본군 최초의 저익 단엽기로 짧은 선회반경 덕분에 선회전투에 유리했다.

* 'jap'. 일본 사람들을 얕잡아 부르는 말

그나마 다행인 건 ki-27가 오래 된 기종이라는 거지...
만일 중국전부터 참전하기 시작한 놈이라면,
기체가 상당히 낡았을 거야.

낡아?!
웃기는 소리하지 마!

죽음의 고통만
더 연장시킬 뿐이야!

씨팔! 이렇게 죽다니, 억울해!
내 '럭키 징크스'만 있었으면
12.7mm 기관총 6정으로
저 놈들을 바로 격추시켜 버렸을 텐...
마... 말도 안돼!
안젤라! 저기 아래 좀 봐!
저기! 닭발이야
웬 닭발같은 소리야?
사원이 자리잡은 지쯔산*의 중국
이름이 '닭발' 이라는 뜻이거든

부처님께 치성 드리러 가기엔 좀 늦은 거 같은데!

저기 케이블 보여?
사원에 물품을 실어 나를 때 쓰는 거야!
저걸 이용하면 우리가 살 수도 있어!
설마 나보고 지금... 그건 불가능해!
닥치고 돌진해!

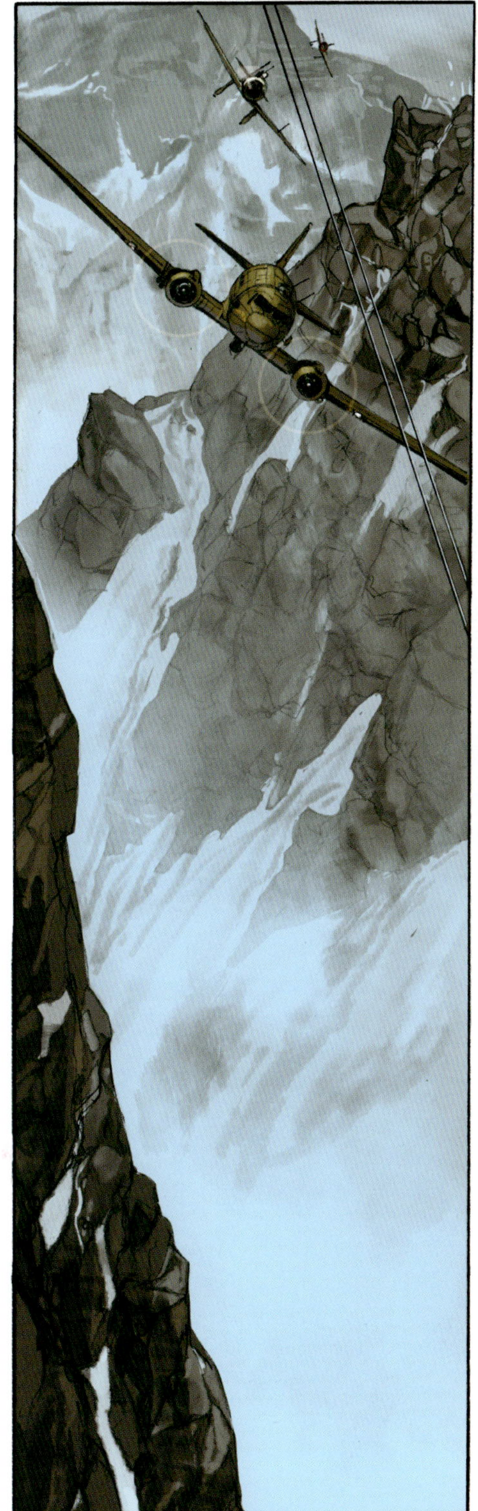

?!

* 프로펠러가 바람에 의해 회전하지 못하도록 위치시키는 조치

조심해, 또 돌아오고 있어!
이번엔 정말 죽겠군...
엔진 하나 가지곤 피할 방법이 없지...
롭? 들려? 이 휘파람 같은 소린 뭐지?

?!!

* ledo road. 연합군이 2차 대전 동안 중국에 군수 물자를 보급하기 위해 인도의 아셈 지방의 레도와 중국 윈난성의 쿤밍을 연결하는 도로. 1942년 일본군이 버마 로드를 차단한 이후 건설하였다.

예에에! 우리가 지금 들은 소리는 유명한 '버마 밴시의 통곡' 이야. 죽음을 부르는 아일랜드 여자 유령의 통곡 소리지!
사실 몇몇 P-40에 사이렌을 달았거든. 이 사이렌 소리와 함께 동체에 해골을 그린 전투기가 나타나면 '잽' 들이 바지에 오줌을 지리지!

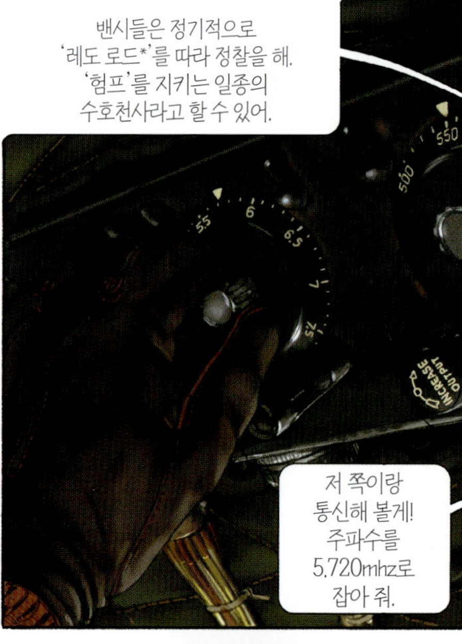
밴시들은 정기적으로 '레도 로드*'를 따라 정찰을 해. '험프'를 지키는 일종의 수호천사라고 할 수 있어.
저 쪽이랑 통신해 볼게! 주파수를 5,720mhz로 잡아 줘.

여어, 친구들, 나 롭이야! 큰일 날 뻔 했는데, 적당할 때 잘 왔어! 다음에 내가 한 잔 살게, 친구들!

술을 사기 전에 우선 착륙부터 해야 해. 목적지까진 아직 절반도 못 왔는데 오른 쪽 엔진은 사용 불능이야! 이렇게 구멍 난 냄비같은 항공기로는 산 반대편은 커녕 2만 피트 근처까지도 상승할 수 없어!

우회하자! 롭, '헤르츠 기지' 지도 좀 꺼내 봐! 위급 상황에서 갈 수 있는 가장 가까운 기지야.
'헤르츠 기지?' 헛소리!! '덤바스타푸르 기지' 가 더 가까워, 미스!
'덤바스타푸르 기지?' 그게 어딘데?!
우리 기지의 별명이야. 밴시들이 우릴 호위해 줄 거야!

와! 안젤라, 너 아깐 죽이더라! 배짱이 대단해!
아, 350시간 이상 '놀이 공원의 오리 과녁'이 되면 냉정을 유지하는 습관을 가지게 돼.
우리끼리 '타겟 견인'비행을 부를 때 쓰는 이름이야. 우린 실탄 사격 연습을 위해 꼬리에 긴 플래카드를 달고 낡은 비행기를 조종하곤 했거든. 자주 유탄에 맞곤 했지만 말이야.
타겟 견인 비행을 했다고? 세상에! 그런 미친 일을 어떤 파일럿이 맡고 싶어해?
우리한테 선택의 여지는 없으니까! 드물긴 해도 와스프들에게 부여된 비행 임무 중 하나야. 우리보단 남성 파일럿의 목숨을 훨씬 소중하다고 판단하는 셈이야. 전선에 투입된다는 이유로!

그런데, 그래프!!
그래프?! 뒤 쪽은 어때? 괜찮아?

뒷칸의 피해는 좀...
?!!

큰 일 났어! 온통 피투성이야! 온통!

안젤라, 저기가 바로 '버마 밴시'들의
보금자리야.

참! 우리 활주로는 이런 대형 기종용이 아니야.
게다가 뒤에 승객들까지 있다고 했으니,
지금 최대 중량 상태일 거고...
엔진이 하나라, 자칫 잘못하면 활주로 끝에 있는
나무들 속에 처박힐 거야. 내가 착륙시킬게!
안전벨트나 잡아 매고,
보조 날개를 최대로 뽑아 줘.
그것만 해주면 돼.

제길, 너... 너무 짧아!
너무 짧다구!
입 닥쳐! 겁나면, 기도를 하던지,
멍청한 핀업 걸 사진이나 주물럭거리던지 해.
이제 간다!

Lulu Belle

어이! 빌어먹을 플라잉 트럭 문 좀 얼른 열어봐!
보급품은 우리가 먼저 골라도 되지?
그 정도 보답은 해줄 수 있잖아!

얼른 문 열지 않고 뭐 하는 거야, 금방 다른 놈들이 몰려올 텐데!
화장지, 화장지가 있었으면 좋겠네! 몇 개월 동안 진짜 화장지 쓰는 꿈을 꿨거든!
와아, 이 피탄 자국들 보여?! 네 화장지에도 구멍 숭숭 났겠다, 야.

비누 있어?!
우편물은?
최근 3개월 내에 나온 잡지도?
면도날은?
34 사이즈 옷도 있을까?

아! 씨팔!

모르면서 그런 소리 하지마, 그래프! 나귀가 무전기보다 더 중요한 거였어.
OSS*에서 중국어 명령도 알아듣고, 총 소리에도 놀라지 않게
애써 훈련시킨 나귀들이었단 말이야.

* 해군 전략사무국

* 중국, 버마, 인도

*미국을 의인화한 인물로 1812년, 미영 전쟁 때부터 사용되었다

지휘관님! 미 여성 파일럿 부대 소속 안젤라 맥클라우드입니다! 이건 항공 운송국에서 하달받은 공식 비행 명령서입니다.

명령서는 갖다 버려! 궁둥짝이나 흔들거리며 내 부하들을 흥분시킬 암컷 파일럿 따원 내 기지에 필요 없다! 동물 하역이 끝나면 바로 이륙해.

이륙이요? 불가능합니다, 지휘관님! 제 다코타는 총격을 받아 광주리처럼 구멍 투성이가 됐고, 오른쪽 엔진도 고장났습니다! 우선...
내 알 바 아니야
광주리라면 여자니까 잘 다룰 거 아니야? 이륙을 하던, 아니면 저 고물덩어릴 치우던, 어떤 방법을 써서라도 활주로를 빨리 비우란 말이야! 한 시간을 주겠다, 알았나?

그리고 너, 정말 엉클 샘을 돕고 싶거든 '항공 간호사'에 지원하고, 이런 중요한 일은 남자들에게 맡기란 말이야!
Y-FOS 147

대접해 주는 꼴 하곤! 천박한 자식!
이미 경고했잖아. 여긴 거친 사내들의 땅이야. 카라치에 있는 야들야들한 장교클럽 같은 곳이 아니라구.

'버마 밴시'는 남자, 그것도 진짜 남자들의 세계야.
따라와. 장교 식당에 가서 커피나 한 잔 하자.

기대해. 여기엔 냉장고까지 있거든.
우리 비행대의 자랑이지!
89TH FIGHTER SQDN
Lucky Jane

어떻게 된 거야, 롭?
전투기 파일럿은 때려 치우고 '잽'들의
즉석 매실 소스 고기 요리 배달부로
직업을 바꾼 거야?
아하하! 약속은 약속이니까,
다들 한 잔씩 해, 내가 낼게.

야, 내가 일부러 미끼 노릇을 해가면서
너희한테 사냥감을 몰아다 준 걸 다행으로 생각해!

그리고 난 비행대 에이스 파일럿 자리 놓치고 싶지 않거든?
그러니까 택시 한 대만 구해주라.
새로 한 분홍색 도색이 마음에 안 들어서,
'럭키 징크스'를 말리어 기지에 두고 왔거든.

제88비행대 파일럿 하나가 어제 여기에 긴급 착륙했을 거야.
총에 맞아서 후송됐대.
다만 비행기는 손을 좀 봐야 할 거라더라.

뭐, 너 정도 조종 실력이면, 내가 그거라도...
비상!
비사아아앙!

또 다시
'잽'들의 공격이군!
어서 서두르자!!

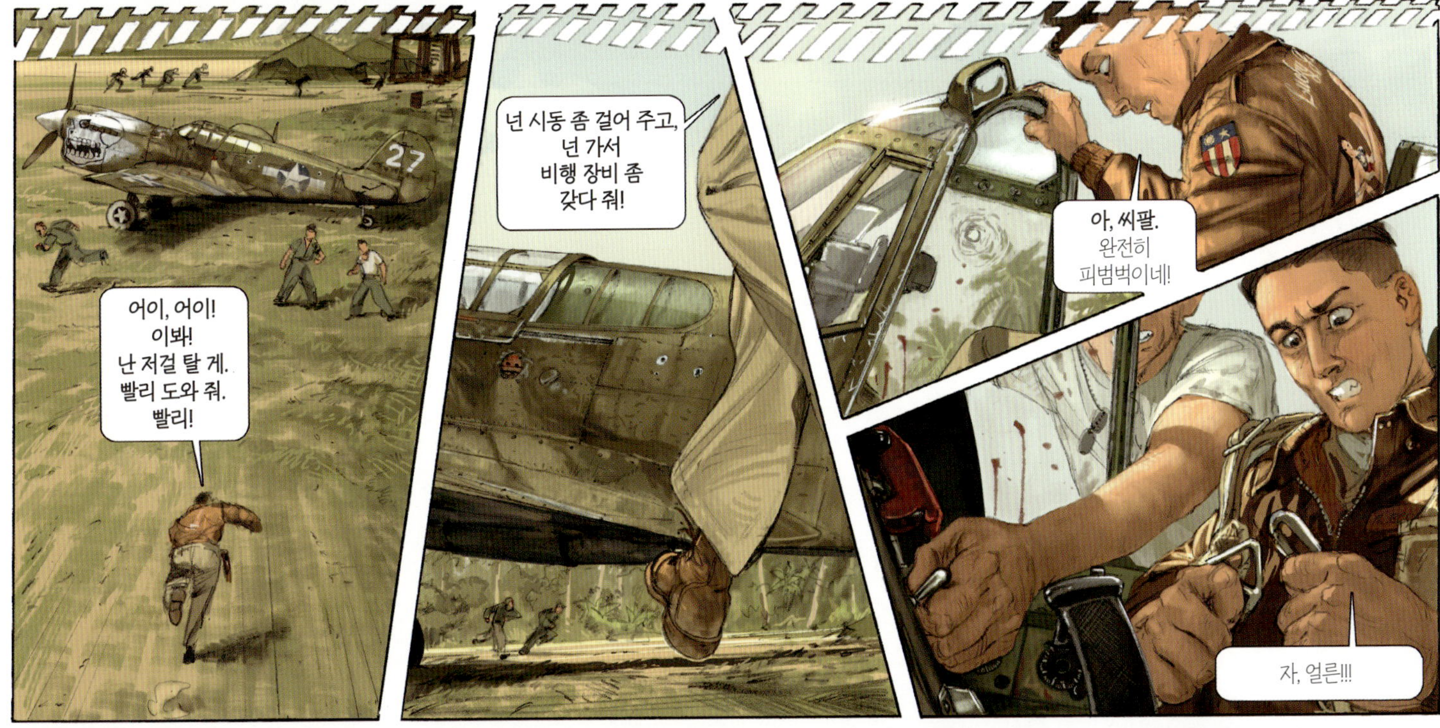

넌 시동 좀 걸어 주고,
넌 가서
비행 장비 좀
갖다 줘!
어이, 어이!
이봐!
난 저걸 탈 게.
빨리 도와 줘.
빨리!
아, 씨팔.
완전히
피범벅이네!
자, 얼른!!!

아, 씨팔! 우리 전투기들이 임무 비행을 나간 틈을 타서 '닙'들이 공습하는 게 벌써 두 번째야! 이건 분명히...

부대 내에 있는 어떤 새끼가 배신을 한 거야!
조심해! 후방이야!

'닙'들이 공습하는 게 벌써 두 번째야! 이건 분명히...

롭, 내 말 들리면 조심해! '오스카'*들한테 보비가 당했어.
한 바퀴 선회한 다음 좌측 방향에서 돌아오고 있어!

알았어, 필립. 내가 맡지!
넌 상승해서 폭격기들을 차단해.
이번에도 '샐리'*일 게
틀림없어.

* 나카지마사에서 제작한 일본군의 k-43 하야부사 전투기를 부르던 연합군의 코드명

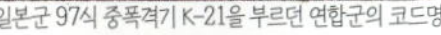

일본군 97식 중폭격기 K-21을 부르던 연합군의 코드명

아, 너 이 새끼. 늦게 와서
총알 맛도 안보고 그냥 내뺄 생각이냐!!

그래, 좋아, 님!
그렇게 급회전을 하면 속도가 줄지!
조금만 더, 조금만…

휴, 방공망이 이제 제대로 기능하는 듯 하니,
잠시 동안 다른 놈들이 다가오는 건 막을 수 있겠군.
구름과 방공망의 도움을 활용해... 나도 올라가야겠다...

필립, 한 놈 잡았어!
최대 고도로 상승해서
네 쪽으로 갈게!

로저. 놈들이 브라마푸트라강*에서
수직 방향으로 오고 있어. 50대쯤 된다.

역시 '샐리'들이야
이 놈들을 막을 유일한 방법은 선두 그룹의
대오를 흩트려 놓는 거야.
내가 서쪽에서 공격할 테니,
넌 동쪽에서 놈들의 뒤를 공격해!
좀 더 위 쪽에 전투기 4대가
호위하고 있으니 조심하고

예에, 필립! 놈들이 당황한다!
공격이 어느 방향에서 오는 지 아직 모르나 봐!

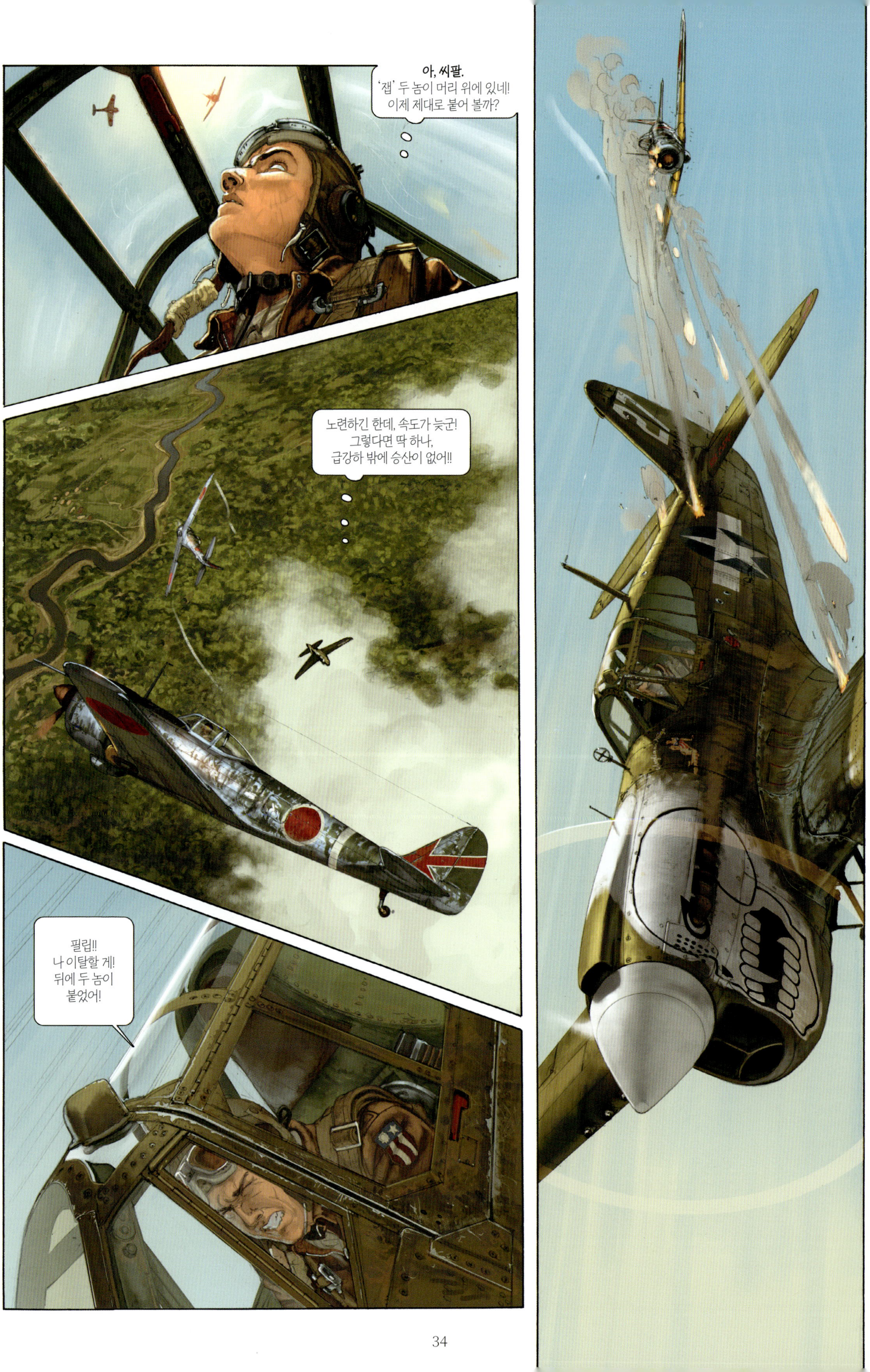

아, 씨팔.
'잽' 두 놈이 머리 위에 있네!
이제 제대로 붙어 볼까?

노련하긴 한데, 속도가 늦군!
그렇다면 딱 하나,
급강하 밖에 승산이 없어!!

필립!!
나 이탈할 게!
뒤에 두 놈이
붙었어!

*비행기의 양력을 높여주는 장치

설마 했는데 정말 되는군! 귀환만 하면 되겠어...
하지만 마지막까지 기다렸다가 기체를 뒤집어야 할 테니,
착륙이 몹시 까다롭겠는걸!

저기 온다!

하하하! 롭 자식, 대단해!
어떤 여자도 저 놈한테 넘어가지 않을 수 없을 거야!

여자 후리는 솜씨 정말 끝내준다!

'잽'들의 사형 집행자이자,
사랑 사냥꾼이야!

하하하하!

어, 잠깐!
앤젤, 난...
닥쳐!

왜, 덤벼 봐,
뭘 기다려, 롭?
지금이 아니면
날 전리품으로
갖지 못할 걸?
뭐가 문젠데? 어!
네 친구들이 밖에서
기다리고 있잖아!

왜 그래, 롭!?
막대가 잘 서지
않는 모양이지?
흠! P-40처럼
손으로 시동을
걸어줘야 해?
좋아, 내가 해주지!

됐어, 안젤라. 재미없어!

어, 롭? 벌써 끝났어?
네 조종석 아래에 분홍색 하트 그리러 갈까?

좋아! 너희 중 용감하게 날 전리품으로 갖고 싶은 사람 있으면 말해 봐!
얼른! 나중에 후회하지 말고!

*미국의 여배우: 찰리 채플린의 '모던 타임즈'에 출연한 이후 결혼을 했다 / *미국의 여배우이자 가수 / *미국의 여배우

*미국의 여배우

* 질 엘그린, 판업 걸 그림, 광고 그림를 많이 그린 미국의 화가

PAW

저기, 샤워실은 어디에 있어?

이거... 라고?
정비병들이 보조 물탱크를 활용해서 만든 거야. '뉴요커'호텔의 디럭스 스위트룸 수준은 아니지만 그런대로 쓸 만 하다구.
주변에 커튼이 쳐 있는, '진짜'샤워실은 없어?
미안해, 미스... 여긴 그런 편의시설은 없어.

그래, 그런 디테일을 너희한테 기대한 내가 잘못이지!
여군들의 경우엔 저 쪽 너머에 있는 강에서 씻는 게 제일 나아.

대숲 뒤 쪽에 가면, 조그맣게 강물이 돌아 나가는 곳이 있어. 거기라면 마음 편히 목욕을 할 수 있을 거야.
당연히 비누가 있냐고 물어볼 필요도 없겠지?

물론 그런 건 없지. 하지만 이걸 가져가! 필요할 거야. 가끔 강변에 호랑이가 돌아다니기도 하거든.
호랑이? 으음, 정말로?

KRAK

너네 친구들에게 괜히 눈호강 할 생각하지 말라고 전해. 호랑이든 돼지든 눈에 보이는 대로 다 쏠 테니까!
아... 알았어, 미스.

?!!
CRRAC

어이! 멈춰! 누구냐?

친구! 친구! 너, 겁 필요 없다! 너, 겁 필요 없다!

우리, 버마! 활주로에서 일한다!
돌 줍는다... 폭탄 구멍 메운다!

비행기, 미국...
부릉! 부릉!
호호호!!

*미국 공화당의 상징은 코끼리, 민주당의 상징은 당나귀를 빗대어 하는 말

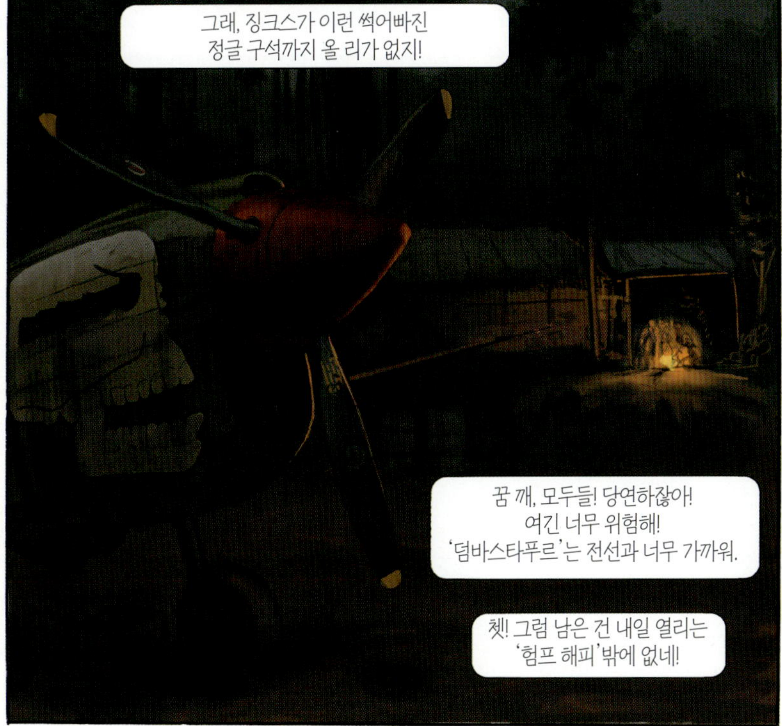

난 피곤해서 자야겠어.
최소한 취침용 모기장 정도는 있겠지?

아니. 엉클 샘이 보내주는 걸 잊어버렸어.
그것 만이 아니야. 칫솔, 비누도 안 보내줬고...
면도날, 속옷, 수건, 기관포 실린더 패킹,
기화기, 에어 필터 등등도 보내질 않았다구.

아아, 걱정마, 안젤라!
동료들이랑 내가 모기를 쫓는 나무를 주워다가
특별한 모깃불을 피워줄게. 효과가 진짜 좋아!

냄새가 뭐 그래?
매캐하거나 연기가 많이
나는 것 중에 선택하라더니!

그나저나... 그게 효... 효과가 있긴...
한 거야?... 난...

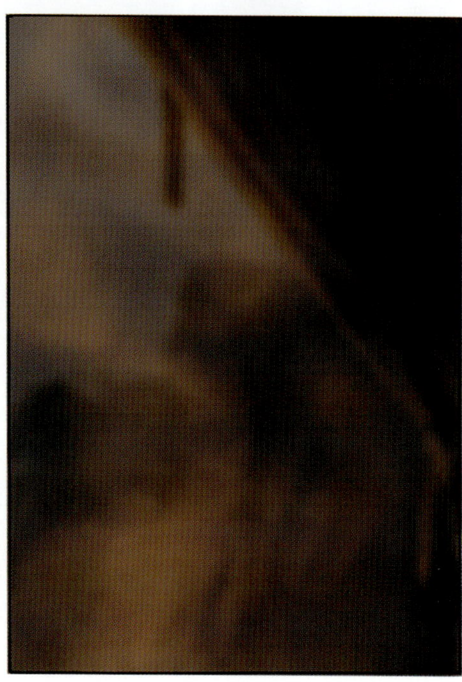

어벤저 필드 비행장, 텍사스. 몇 개월 전.
안젤라!!
AVENGER FIELD

안젤라! 안젤라!
모렌이 귀환 중인데, 문제가 발생했대!!
?!

'메이데이' 신호를 보내왔어!
뭐?!
TIRE INFLATION 95 / 105 LBS
A. MC CLOUD

ER FIELD
FIFINELLA

앤젤! 살려줘, 문이 안 열려!!

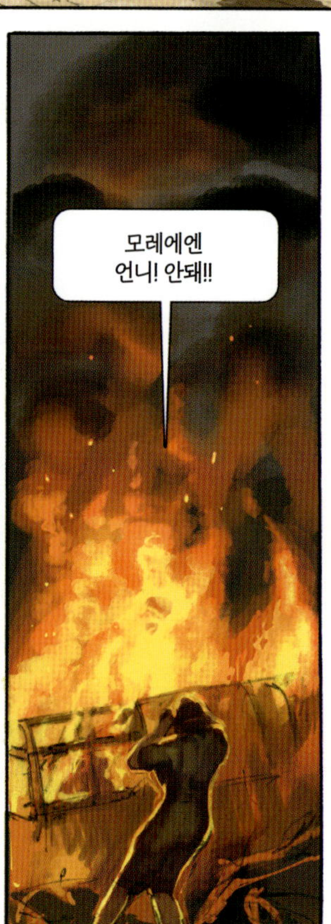
모레에엔 언니! 안돼!!

잘 잤어, 미스? 잠이 확 깨게 커피 한 잔 하는 게 어때?
어때, 모기는 없었지?
확실히 효과적이지 않냐? 응?

효과는 있었어! 그런데 정신이 몽롱해,
머리도 어지럽고... 토할 거 같아!

정상이야. 우리가 아편을 태웠거든.
벌레들이 무척 싫어하지!
아편?!

응! OSS에서 보내준 아편이야.
완전히 합법적이니 걱정 마!
카친족에게 도움을 얻는 대신
보상으로 주는 거야.

산악에 사는 현지인들은
이 끔찍한 녹색의 지옥에 파일럿이
추락했을 때 수색을 도와주고 있어.

* Jorhat. 인도 아쌈 지방에 있는 대도시 / * Shingbwiyang. 버마 카친 지역에 있는 도시

한 시간 후
뭘 해봐도 안돼, 미스! 스페어 파트가 없으면 수리가 불가능해!

슬림 말이 맞아, 안젤라! 가망 없어! 다른 애들 있는 데나 가자. 공연이 이미 시작했을 거야. 그리고...
그래... 가 봐, 그래프
?!!
RRRRROOOOOOOOOO

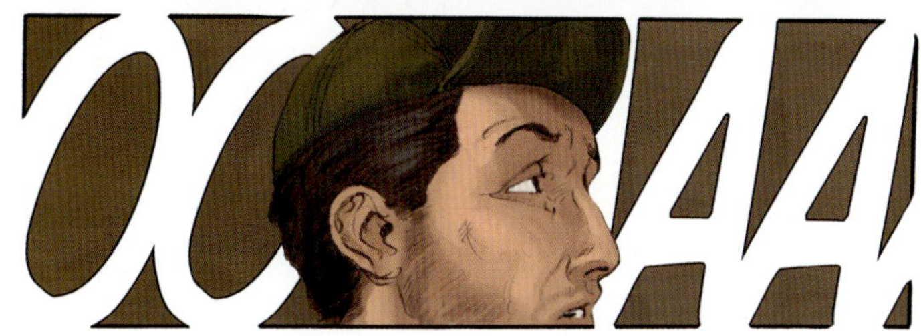

OOAA!

247072
072
072
Running express
저길 좀 봐! 롭이 어려움을 겪는 '고래'를 데려 오고 있어.

이번엔 화물칸에 실린 가축들이
다 죽지 않았으면 좋겠다!

어휴! 우리가 크게 한 턱 낼게.
당신, 정말이지 아주 중요한 승객을 구했거든!
그래 봐야 이번에도
훈련된 당나귀겠지 뭐.

그래, 이번 놈이 뭘 할 수 있지?
리듬에 맞춰 국가라도
부를 수 있나?
아주 틀린 말은 아니네요,
'장군님!'

?!!

징크스!!!

*연합군이 2차 대전동안 영어로 라디오 선전 방송을 하던 일본 여성 아나운서들에게 붙인 별명

롭, 그냥 롭이라고 불러요!
하늘에서 '개싸움'을 할 때,
당신은 항상 나랑 있었어요!
영광이에요, 롭! 하지만 내가 당신 가슴에 안겨 있었다면
등 뒤에 그림이 있는 것보다
좀더 '낭만적'이었을 텐데요, 그렇죠?

?!!

우와아아아!!!
징크스! 저는요?
저에게도
키스해 줘요!
아니, 저요! 저요!
징크스! 저한테 해 줘요!

안젤라, 내가
무슨 생각하는 지
알아?
우리 장교 식당을 구경
시켜 줄게요, 미스...
아! 거기 냉장고가
있어서 시원한 음료수
도 마실 수 있어요.
저 엔진은 프랫&휘트니 R-2800이고,
다코타는 R-1830이지. 우리에게 부족한
스페어 파트를 구할 수 있을 거야.

그런데... 여성 보조 군무원들은
전방 배치가 금지되어 있지 않나요?
Jinx

아, 저 여잔, 그냥 안젤라에요.
멋진 여성이죠!
여성 파일럿인데,
낡은 다코타를 몰고 있어요!

여자가 파일럿이라구요? 정말요?
'메이크업'때문에
정비공인 줄 알았지 뭐에요...
그... 뭐라고 부르죠?
그리스 칠하는 사람을?

2장
블랙 위도우

노스롭 P-61 블랙 위도우
NORTHROP - P-61 BLACK WIDOW

		무장	히스파노 20mm 기관포 4문
엔진	프랫 & 휘트니 R-2800-65 더블와스프 쌍발 추진		브라우닝 M2 12.7mm 기관총 4정 (터릿 건)
최대출력	엔진당 2,250마력		500파운드 폭탄 8발
수평 최대속도	589 km/h		5인치 로켓 6발
최대상승고도	10,600 m		
항속거리	3,060 km		

와아! 이제 네 비행기는
일본군 탄에 절대 맞지 않겠다!
To Rob! Good Luck! Jinx

롭, 자기야.
자기를 추락시킬 사람은
이제 아무도 없어!
To Rob! Good Luck! Jinx
U.S. ARMY P-
AIR CORPS
CREW WEIGH

와! 와! 와! 징크스,
너무 추켜 세워주지 마세요!
롭 녀석 얼굴 좀 보라구요.
아주 좋아 죽네!
미스 팔켄버그!
제 비행기에도 써주세요!
DIKAM DEATH
네, 저도요, 저도 해줘요!
징크스!

조심, 조심! 앞에 비켜!
위험하니 조심해!
히로히토의 똥구멍에
박아줄 대형 좌약
나가신다!
SORRY
FOR THAT.
OOOPS
IT SLIPPED!

맙소사, 엄청나네요! 이건 무슨 폭탄이에요?
설마 저걸 전투기에 다는 건 아니겠죠?
당연히 장착하죠, 미스!
천 파운드짜리 폭탄이라
일본에 있는 다리 정도는
성냥개비처럼
날려버릴 수 있어요!
우리는 지상군을
지원하는
임무도 해요.
그걸
'공중 포병대'
임무라고 하죠.

어머! 지금 전쟁 중이라는 걸 잊을 뻔 했네요.
그럼 임무에 방해되지 않게 전 갈게요.
서두르지 마세요, 미스!
일왕보고 몇 분 더 기다리라고
하면 되나까요.

미스, 내 비행기에도 행운의 단문을 써 줘요!
제 '숏
스노터'에
서명해
주세요.
아니, 제 거에
제 거에
해주세요.
징크스!
저도요!
아니! 저부터
해주세요!
징크스!
내 사진에
사인해 주세요!
미안해요,
여러분.
쿤밍에서
우릴 기다리는
사람이
있어서요!

미스!
미안합니다.
좀 지나갈
게요.
좀 비켜주세요 미스! 죄송_
미스 팔켄버그!! 큰일 났어!
밤새 누군가 우리 비행기를
일부러 망가뜨렸어!

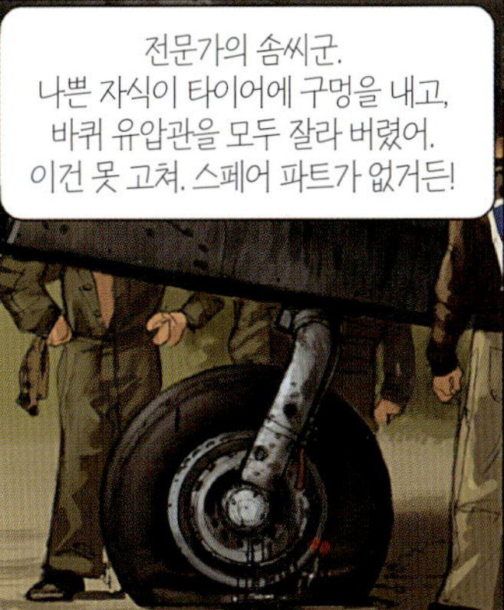

전문가의 솜씨군.
나쁜 자식이 타이어에 구멍을 내고,
바퀴 유압관을 모두 잘라 버렸어.
이건 못 고쳐. 스페어 파트가 없거든!

맙소사! 말도 안돼요! 도대체 누가 이런 짓을 할 수 있죠?
아이구! 이건 보나마나
노란 스파이들이 한 짓이지!
제길! 눈 찢어진 저주받은 원숭이들이
간덩이가 부어도 한참 부었구먼!

글쎄! 놈들이 전투기는 놔두고
하필 대형 수송기를 망가뜨렸다는 게
좀 이상한걸?

그리고 다른 비행기를 타고 갈 수도 없어!
쇼에 필요한 무대장비가 모두 C-46에 실려 있단 말이야!
아무래도 여기에 묶일 거 것 같아. 큰일이네!
쿤밍 공연은 못하겠군요! 군인들에게 미안해서 어쩌죠?

생각을 좀 해봤는데요... 다른 곳으로 갈 수 없다면
차라리 여기서 공연을 하는 게 어때요?
주기장 공간을 넓혀 무대로 쓰고, 제88비행대와
제90비행대의 '밴시' 파일럿들에게
이리 오라고 하면 되죠!
애! 그리고
제426비행대의
'트윈
드래곤'* 과
'블랙 위도우'*
들도...

정말 좋은 생각이에요, 롭. 공연 팀원들도 모두
동의할 거예요. 응, 팻, 그렇게 해요!

여기서 하자고?
으음... 징크스,
여긴 전선과
너무 가깝지 않아?
무엇보다 조심해야...
조심 따윈 지옥에나 가버리라고 해요, 팻!
팀원 모두 함께할 거예요.
그리고 이 분들께 보답도 해야 하잖아요!

* 록히드사의 쌍발 라이트닝 전투기를 운용하던 부대
* 노드롭 p-61 블랙 위도우 2차 대전 당시 미군이 운용한 야간 전투기로, 최초의 레이더 사용 전투기이기도 하다

이라와디 강 상공. ‘버마 밴시’ 의 P-40 전투기들이
바모 시*와 카타 시*를 연결하는 다리를 공격하고 있다.
* irrawaddy river. 미얀마 중앙을 흐르는 강
* bhamo. 미얀마 최북단 카친 주의 도시
* katha. 미얀마 중북주, 이라와디 강 서쪽에 위치한 도시

예에! 명중!
미카도에게 주는
선물이다!

?!!

나도 병신이지!! 애송이처럼 당해 버렸잖아!

메이데이! 메이데이! 여긴 롭이야!
친구들, 난 당했어! 서쪽으로 이탈할게!!

그 다린 완전히 한적한 곳에 있었잖아...
그런데 하필이면 우리가 공격하는 날, 대공망이 촘촘해 준비되어 있었고...
이제 의심할 여지가 없어.

기지 안에, 우리 임무의 목적을 '잽' 들에게 전달해 주는 개새끼가 있는 거야!

피해가 너무 막심해. 두 명이 격추됐고...
코디는 복부에 총알이 박힌 채 귀환했지.

데니스는 방공망 공격에 격추된 후, 낙하산을 타고 탈출하는 게 목격됐어.
롭은 오스카의 기총 공격을 받은 후, 산 뒤편에서 실종된 상태야. 살았거나, 포로가 됐거나, 죽었겠지. 오늘 밤 '토쿄 로즈' 가 발표하는 내용을 들어보면 알 수 있을 거야.

* Naga Hills, 히말라야 남동부에 위치한 산으로 버마의 북서쪽과 인도의 동쪽 사이에 자리잡아 자연 국경을 형성한다. 나가족이 거주하는 지역이다
* 일본 육군 헌병대

*미군 에어 코만도들이 사용한 기종으로 캐나다의 노스만사에서 제
조했다

* 위급 상황에서 사용하기 위한 장비, 형태가 폭탄을 닮았다

안젤라?

안젤라? 우리랑 같이 가줄래?
네 도움이 좀 필요해서 그래.

무슨 도움?
또다시 휘장을 항공 점퍼에 꿰매 달라는 거라면, 아예 포기하는 게 나을...
그런 거 아냐, 안젤라! 롭을 구출하려는 거야.

이 빽빽한 정글에서 롭을 구출해 올 방법을 찾았단 말이야?
그래, 미스! 준비는 어느 정도 됐는데 부족한 게 있어서... 뭐랄까... 아무튼 네 도움이 필요해!

사실... 예쁜 여자가 한 명 필요해! 일단 현장에 가보면 금방 이해할 거야. 가면서 설명해 줄게.
여자? 무슨 말하는 건지 모르겠어! 곧 밤이 될 텐데. 피곤하고 배도 고프다고!
그러니까... 별을 바라보면서 식사하는 거 어때?

자와하르? 지금 막 퍼팅 하려는 참인데 누가 시끄럽게 비행기를 몰고 오는 거야? 일본인이니, 미국인이니?
미국의 파이퍼* 기종인 듯 합니다, 닷슨 경.
* piper, 미국의 파이퍼 에어크래프트사에서 제작한 경비행기

빌어먹을. 저 양키 놈들은 예의라곤 없다니까. 내가...

저...
저...
설마 저 놈들이...

내 페어웨이!!!

맙소사! 정신이 있는 게요?
오래 전부터 내가 아끼고 가꿔온 이 그린은
활주로가 아니란 말이오!

죄송하지만 다른 방법이 없었습니다. 닷슨경!
경의 골프장이 현재 탈출 중인 우리 파일럿을
구출하기 위해 가장 가까우면서도
충분히 넓은 유일한 공간이거든요.

구출 예정지 공터가 짧기 때문에
파이퍼 기종 외에는 착륙이 불가능한데,
좀더 먼 곳에서 출발하면
돌아올 연료가 부족합니다.

물론 우리가 동맹을 맺고 있긴 하지만 다른 해결책을 찾을 순 없겠소?
내 그린을 망치지 않는 방법 말이오!

죄송합니다, 닷슨경.
하지만 시간이
없습니다.
저희 파일럿인
로빈스 클라워 대위가
'쨉' 들에게
쫓기고 있어요.
1초가 아쉬운
상황입니다!

뭐… 전쟁 중이니 어쩔 수 없지! 편한 대로 사용 하시오.
자와하르, 마실 것 좀 가져와.

아, 마침 임무 수행에 필요한 연료를 실은
지프가 도착했군요.

아이고 머리야!

안녕하세요. 더글러스 닷슨 경이시죠? 미 여성
파일럿 부대의 안젤라 맥클라우드라고 합니다.

오! 반갑습니다,
부인!

처칠 경도 "여왕 폐하의 국민이라면
각자 나름대로 희생해야 한다." 고
말한 적이 있으니까요.

왜 아직도 피난을 가지 않으셨나요?
전선이 아주 가까운데!

제 차 농원과 방갈로를 쌀이나 뜯어먹는
야만스런 일본 놈들 손에 맡기라구요?
설마 진심으로 하는 말씀은 아니겠죠, 미스!

게다가 내 아내가 사망한 후로
이 농원만이 유일한 내 삶의 의미랍니다.

오, 왔군요. 뭘 드시겠어요?
브랜디? 진? 위스키?

미스! 신사 여러분!
여왕 폐하를 위해 건배합시다!

신이시여, 여왕 폐하를 보호하소서!

Miss Liz

안 보여. 이미 오늘 아침에 이 공터에 도착해서 기다리고 있었어야 하는데. 나쁜 새끼들한테 체포됐나 봐!

헨리, 더 이상 머무르는 건 위험해. 돌아... 야! 저기!!

저기 있다. 정글에서 나왔어! 동쪽!!

자, 서둘러! 제발, 서두르란 말이야!

거의 드시질 않았군요, 미스 맥클라우드. 인도식 과자를 싫어하시나요?

죄송합니다, 닷슨 경. 구출 작전 때문에요. 입맛이 없네요.
제가 한번 맞춰볼까요, 미스? 군에서 구출하려는 파일럿, 그 분에게 마음이 있으시죠?

롭이요? 저… 저… 그 사람은 헐리웃의 아름다운 편업 걸 '애교쟁이 징크스' 밖에 모르는 걸요, 전 그런 글래머 배우와는 비교도 안 되고요.

알겠군요. 오래된 버마 속담에 이런 말이 있죠. "물소는 뿔을 잡아야 끌려 오고, 당나귀는 귀를 잡아야 하며, 남자는 그…"
저… 그래요!! 좀 심한 표현이니 이렇게 바꿔봅시다. "미소로 끌어야 한다".

미소요? 제 모습을 보세요. 전 유니폼 입은 못생긴 원숭이처럼 생겼어요.
우아함과는 거리가 먼, 지저분한 정비공이에요.

가장 감동을 주는 두 존재가 뭔 지 아시나요? 자신의 추함을 인식하고 있는 사람과 자신이 아름다움을 인식하지 못하는 사람이라오.
역시 버마 속담 인가요?

아닙니다. 오스카 와일드*가 한 말입니다.
좋아요! 당신의 전우들이 내 골프 그린을 거대한 녹색 햄버거처럼 망쳐놓는 동안 나와 시간을 끄는 것이 당신의 역할이겠죠? 그럼 그 역할에 충실해야 하지 않겠소?
내 침실로 같이 갑시다, 안젤라!
?!!

이륙해! 이륙해!

예에!!

이봐! 이봐! 징크스 공연, 벌써 끝났어?

이야! 헨리가 날개를 좌우로 흔들고 있어.
그럼 구출에 성공한 거야!

정글에서 4일을 보내다니!
지렁이 먹었어?
애벌레는? 곤충도?
말해, 말해 봐!
야, 헛소리 마.
내가 오히려 모기, 개미, 거머리의
밥이었다니까.
어떻게 '잽' 들의
추적을
따돌린 거야?

클라워씨, 전 더글라스 닷슨 경입니다.
저의 집, 텐갈 저택에 오신 걸 환영합니다.
맛있는 식사를 준비해 놨죠.
식사에는 매력적인 미스 맥클라우드가
함께 할 겁니다.

안젤라, 너 여기 있었어? 궁둥짝 들고 얼른 뛰어와.
나 배고프단 말이야!

촌놈. 정글을 탈출하면서
예의도 버리고 왔나 봐?

안젤라? 너... 너 맞아?

신사 여러분, 미스 맥클라우드에게 사별한
제 전처의 옷이 멋지게 어울리지 않나요?
정말 미인이야!
완전히 다른 사람이 됐어!

내 생각에, 놈들이 반격할 수는 없을 거 같아.
일본 놈들이...
도로는...

당황스럽네요, 제가 받아도 될지...
부탁입니다, 안젤라. 이 옷을 받아주신다면
오히려 제게 영광이자 기쁨이지요.
제 전 처도 이 옷을 입은 안젤라의
우아한 모습을 좋아할 거예요.

됐어! 좋아, 안젤라! 시동 꺼도 돼.
이제 프로펠러 회전이 거의 원형을 유지하고 있어!
어휴! 부품을 교체해도 제대로 작동하지 않을까 걱정했는데!
임시 방편이지만, 카라치까지 잘 견뎌주길 바라자!

안젤라! 나도 같이 갈게! 내 전투기를 다 고쳤대.
가서 나의 '럭키 징크스'를 되찾아 와야겠어!

당신 비행기에
왜 작은 깃발을 그려 넣었죠?
내가 알기론 공중전에서
승리할 때마다 하나씩
그려 넣을 수 있는 거라던데?
당신은 화물기를 조종하잖아요.

어느 재수없는 일본군 파일럿이
내 비행기에 핀업 사진을
압정으로 꽂듯
구멍을 내려고 하지 뭐예요.
그래서 『양크』 지에 나온
글래머 여자 사진을
찢어내듯
날개를 찢어버렸죠!

저... 금방 돌아올게. 무슨 일이 있어도
당신의 공연을 놓칠 순 없으니까, 징크스!
음, 잠시만요, 롭!
나한테 특별한 여행 허가증을 받아 가야죠!

?!!

유치하게 왜 이래! 서두릅시다!
관객석도 설치하고, 장비에, 악기도 꺼내야 해.
게다가 열병으로 색소폰 주자가 침대에서 꼼짝하질 않으니,
리허설은 제대로 진행될 지 모르겠어!
미스 맥클라우드! 다시 부탁드립니다.
우리 C-46를 수리하는 데 필요한 새 바퀴와 부품을 잊지 말고
구해 주세요. 여기서 가능한 한 빨리 떠나고 싶군요.

Jane Bildenbury
Pin-up queen!
USO
TOUR

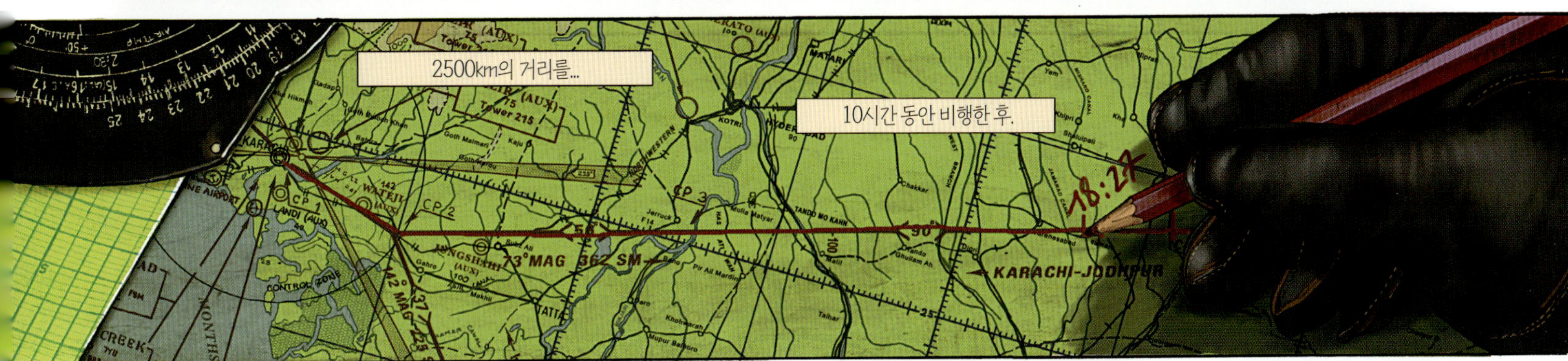

2500km의 거리를...
10시간 동안 비행한 후.
KARACHI-JODHPUR
73°MAG 362 SM

다코타 767호.
9번 활주로에 착륙을 허가한다.
풍향 110도, 풍속 5 노트.
KEEP OUT

32
그래프, 넌 창고에 가서
C-46 부품을 구해 와.
난 만날 사람들이 있으니까.
여기서 내일 새벽에 귀환할 때
다시 보자.

눈썹미가 있군, 미스!

사진이 흐릿하긴 하지만
확실해!
뒤에 보이는 건
분명히 일본군 트럭이야!

이건 닛산 81_ 아니 941 모델입니다.
그렇다면 이 간호사는
켐페이타이의 손에 잡혀 있다는 거 잖아!

그런데... 그 사진이 어떻게
약혼자한테 전달된 걸까요?

안타깝지만
가능성은 한 가지야.
켐페이타이가 무전병을
협박하는 게 분명해.
이 여자의 목숨을 미끼로,
'버마 밴시'들의 임무와
출격 시간에 대한 정보를
요구하는 거지.

이 여자분을 구할
방법이 있을까요?

생각도 말게.
이미 살해당했을 가능성이
아주 높아!
어쩌면 그게 이 여자에겐
더 나은 결말일 수도 있네.
일본 놈들의 고문은
무척 끔찍하니까 말이야.

내일 기지로 돌아가면, 반역자를 체포하고,
놈이 빼돌린 정보를 일본군에게 전달하기 위해
기지에 잡입한 정보원들까지 모두 일망타진하게!
'S-2*' 요원 두 명이 함께 갈 거야.
놈을 심문하고 이 건을 최종 종결하는 건 요원들에게 맡겨.

잘했어, 안젤라! 장교 식당에 가서 충분히 휴식을 취하도록!
저녁 식사는 우리 부대에서 초대하는 걸로 하지!

* 정보 참모국을 이르는 말

감사합니다만, 저녁 식사는 시내에 선약이 있습니다.

* 중국 남서부 사천성의 주도

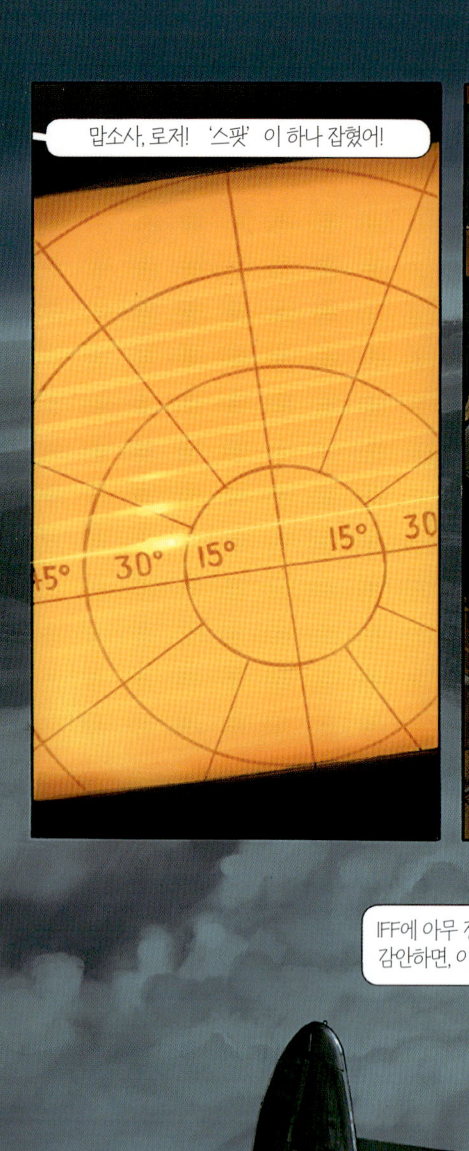

* IFF, Identification Friend or Foe. 항공기, 전차 등
군용 장비에서 적과 아군을 구별하기 위해 사용하는 장치

* bogey, 레이더 상에는 잡혔으나 아직 식별이 되지 않은 적기
를 뜻하는 속어

크기를 볼 때 분명히 폭격기 '베티'* 일 거야.
왼쪽으로 5도 더 간 지점이야.
목표물까지의 거리는 약 2해리.
우리 비행대 최초의 승리를 기록하게 될 거야.
이런 기회를 놓칠 수야 없지. 빌어먹을 '잽'!
이제 1해리..
* 일본군의 미쓰비시 G4M 쌍발 엔진 경폭격기를 가리키는 연합군의 코드명

피트, 망원경으로 직접 육안 식별할게!

좋아. 시야에 잡힌다.
음... 4발 고익기군!
틀림없이 '에밀리'* 타입의 비행정이다.
해안에서 먼 이 곳에서 도대체 뭘 하는 거지?
* 일본군의 카와니시 H8K, 즉 2식 대형 비행정을 가리키는 연합군의 코드명

'잽'들이 병력 수송에 저 기종도 이용하거나...
상관없어. 영원의 연꽃 나라에 잠든 너네 선조들이나 만나러 가거라! 발사!!
25624

와아아!
나이스샷, 로저!!
?!!
안돼, 맙소사!
아군의 리버레이터잖아!

야, 저 불덩어리 봤어?
저주받은 '잽' 들이
연료를 수송하던 중이었나 봐!
내... 내가 전우들을 죽였어!

* 리퍼블릭 P-47 선더볼트. 1941년부터 1945년 사이 미국에서 제작된 전투기. 기관총 외에 폭탄을 장착하여 공격기 역할도 수행했다

롭, 이 버마 년들은 '잽' 의 스파이였어. 이 쌍년들이 우리 임무 정보를 죄 일본 놈들에게 넘겼다구!
안젤라가 데려온 OSS 요원들이 기지에 있던 반역자를 찾고, 놈의 정보망을 해체했어.
반역자? 그게... 누구였어?
넌 상상도 못할 거야.

제길! 도대체 무슨 일이야? 왜 이 여자들을 처형한 거야?

개새끼! 넌 네 조국, 네 전우를 배반하고 군의 명예에 똥칠을 했어!
게다가 얻은 것도 아무 것도 없이!

매리-앤이 죽었다구요? 아니야! 말도 안돼, 그럴 수 없어요!
네 놈도 연락책 역할을 하던 스파이 여자 말을 같이 들었잖아. 네 놈의 약혼녀는 이미 오래 전에 고문을 받다 죽었단 말이다!

아니야! 매리-앤은 죽지 않았을 거예요! 그 년이 거짓말한 거예요. 거짓말이라구요!
좋아, 그만 하지. 이 쓰레기 같은 놈 때문에 공습 때 입은 상처로 파일럿 한 명을 잃었어. 이 새끼 끌고 개 면상만 봐도 구역질 난다! 쿤밍 지휘 본부로 끌고 가서 군사 재판에 회부해!
씨팔! 어디가서 또 새 무전병을 구해 오난 말이야, 나 참!
Burma Banking OPERATIONS

주님, 짧은 생을 희생으로 마친 코디 대위를 주님 옆 자리에 맞이하여 주시옵소서.

그리고 대위가 그토록 사랑하던 조국과 자유와 민주주의라는 이상이 승리할 수 있도록 도와 주시옵소서

이봐, 미스. 불쌍한 코디를 추모하기 위해 함께 건배할 건데, 안 갈 거야? 이건 전통이야. 모든 파일럿들이 이 전통을 지킨다구!

음... 고맙지만 사양할게, 필립. 난... 난 급하게 할 일이 있어서...

어벤저 필드 비행장, 텍사스 몇 개월 전

안젤라, 정말 안타까워 뭐라 위로해야할 지 모르겠다. 이건 모렌을 위한 나의 정성이야.

헤이, 미스 언니의 죽음을 진심으로 위로해.
내가 모든 여성 파일럿들에게 네 언니 추모주를 낼게.

추모 건배를 위해 돈을 모으는 게 아니야. 언니의 시신을 우리 부모님께 돌려 보낼 비용을 마련하는 거야.
응? 복무 중 사망한 모든 파일럿의 시신의 귀향 비용은 군에서 모두 대잖아!

남성 파일럿인 경우엔 그렇지. 하지만 우리들, 와스프는 행정적으로 군에 속해 있지 않아. 우린 훈련, 규율과 군영 생활같은 의무는 모두 이행하면서...

그에 따른 혜택은 전혀 못 받아. 군인의 지위를 부여받지 못했으니, 연금도 못 받고, 관에 국기를 덮을 수도 없고, 예포 의식도 없어. 장례도 가족들이 비용을 들여 치뤄야 해.

맙소사, 이 피탄 자국과
노란색 페인트는!
그럴 줄 알았어...
사고가 아니었어!

이봐!! 거기 뭐하는 거야?!

등화 관제 이후 와스프들은 막사를 벗어날 수 없다는 걸 모르나?
여기서 얼쩡거리고 있으면 안돼!!
뭘 찾고 있어?
아무 짝에도 쓸모없는 잔해 뿐인 곳에서!
MP

뭘 찾냐구요?
내 언니 모렌에게 의도적으로
총격을 가한 놈이
누군지 밝혀 내려는 거예요.

* 록히드 P-38 라이트닝. 2차 대전 당시 미군이 운용하던 중무장 쌍발 전투기
* 노스아메리칸 P-51/F-51 머스탱. 항속거리가 길어 독일 상공에서 폭격하던 폭격기의 호위 임무를 주로 맡았으며, 태평양 전투에도 투입됐다.

야, 롭! 비행기 몸통 장식 그림은
도대체 언제 끝낼 거야?
벌써 이틀 동안 붙들고 있잖아!
두고 봐! 공연을 보러 온 얼간이들이 이걸 보고 침을 질질 흘릴 테니까.
CBI 전선에서 이렇게 아름다운 핀-업은 본 적이 없을 걸!
랠프가 붓질 하나는 끝내주거든.
군에 오기 전에 화가였대!

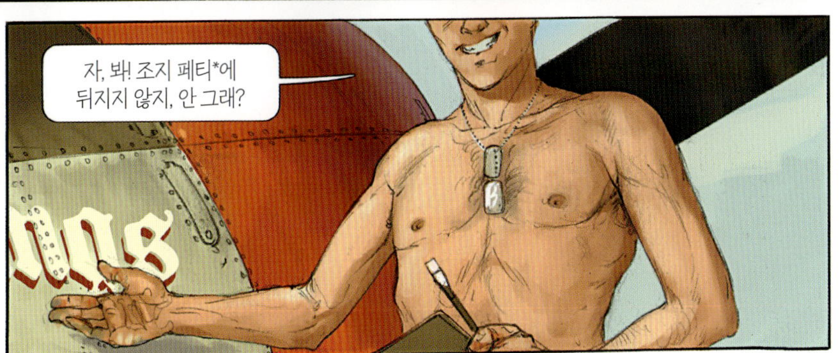
여튼 그 그림이 전에 몰던 '럭키 징크스' 보다
더 많은 행운을 너에게 가져다 주길 빈다!

자, 봐! 조지 페티*에
뒤지지 않지, 안 그래?
* 미국의 핀-업 아티스트
오!!

Angel Wings

아! 아! 안젤라, 이제 확실하네.
이제부터 롭에게 행운을 가져다 줄
여신은 바로 너야!

…
롭은 우리 비행대 최고의 파일럿이지. 롭의 새
전투기에 이름을 올린다는 건, 대단한 명예라구!
하지만, 난…

엔젤! 네 덕분에 내 목숨을 건졌어.
그리고 널 만난 이후 늘 행운이 내게 미소를 짓고 있지.
이제 나도 네가 내 수호 천사라는 걸 확신하게 됐어!

그 사람은 시카고 출신의 유명한 트럼펫 연주자였죠.
자신만의 부기 스타일이 있었답니다. 최고의 연주자였죠.
하지만 한참 인기가 많을 때,
남자는 자원 입대 서류를 들고 떠났죠.
지금은 군인이에요, 아침 기상 나팔을 불죠
USO
Jazz Hildenburg
Pin-up queen!
V TOUR
25624
34 216

그 사람은 바로 B중대의 부기 우기 나팔수예요

Midnight Miss
'미드나잇 미스'
맙소사, 놈이 여기 있구나!

Midnight Miss
!!

12

* A-25 쉬라이크 해군의 SB2C 헬다이버를 육군항공대에서 채용, 급강하폭격기로 사용했다.

그 남자는 매일 밤 부기를 연주해 전우들을 재웠고,
동녘이 밝아오면 또 같은 음악으로 전우들을 깨웠죠.
전우들은 박수를 치고 발을 굴렀어요.
리듬을 맞춰주면 무슨 일이 일어날 지
동료들도 알고 있었으니까요.
그 사람은 전우들을 기상 나팔로 깨웠죠. B중대의 부기 우기 나팔수.

저도요, 미스, 저도요. 제게도 행운의 머리카락을 주세요!
좋아요, 자기! 하지만 이게 마지막이에요. 대머리 독수리 같은 모습으로 헐리웃에 돌아갈 순 없잖아요!
징크스! 징크스! 내 지폐에 서명해 줘요!
징크스! 저도요! 저도요!

예에! 징크스 팔켄버그가 사인해 준 10루피 지폐라니! 내 '숏 스노터' 뭉치 중에서 가장 소용한 지폐야!
누가 지저분한 10루피 짜리 지폐에 관심이나 있겠어? 난 징크스가 직접 머리카락을 잘라 줬다구! 이거야 말로 엄청난 거지!

야야, 그걸 누가 믿겠냐? 네 여자 친구 머리카락 아니면 강아지 털이라고 할 걸?

이봐, 로저! 대단한 공연 놓쳤다, 너!
너 목이 왜 그래? 면도하다 베었어? 어? 얼굴도 창백한데 그래! 귀신이라도 본 거야?
공연 끝났지, 응? 기지로 돌아가자!

당신이 데려온 초보 파일럿들은 이 지역 특산 술을 얕보고 술내기를 했죠.
디캠이 이기긴 했지만, 설사 때문에 완전히 뻗었어요!

내가 이미 34톤급 B-29 슈퍼 포트리스
조종 경험이 있었다는 걸
다행으로 아세요.
그런데 가축 운반용 깡통이
좀 크다고 해서
제가 겁먹을 이유 있나요?

아니면, 육로로 가시던가.
'잽'들이 장악한 땅을
지프로 3주 정도 가야 하죠...
당신이 결정해요.

왜 그렇게 자리에서 몸을 꼬고 있어, 그래프? 너도 설사야?
아니... 그냥 뒤에 있는 여성 승객들에게 필요한 게 있을까 싶어서...
아! 아! 알았어! 이해 했다고! 가봐, 혹시 여물이 필요한 지 살펴보고! 친절하게 대하면, 널 좋아하게 될 거야, 로미오! 아, 참. 그리고 징크스를 이 쪽으로 보내!
247072 072
3
맙소사! 좀 참아라, 애들아. 얼굴은 새하얗게 질려서 토사물 냄새나 풍기는 여자들이 오면, 병사들 사기가 올라가겠어?
저... 징크스 양. 방해해서 죄송합니다. 안젤라가 드릴 말씀이 있대요.
나한테 할 말이?
안젤라? 날 보자고 했나요? 혹시 내 실크 속옷이 부스럭거리는 소리 때문에 엔진 소리가 안 들려서 그런 거라면, 내가 사과하죠.
자, 징크스! 우리 이제 그만 툭탁거리자. 얼른 와서 이 옆자리에 앉아.
쿤밍엔 중국 언론 뿐만 아니라 미국 언론사들도 많이 들어와 있어! 내 눈에 흙이 들어가기 전엔, 지금처럼 창백하고 썩은 동태같은 얼굴론 아무도 이 비행기에서 내리지 못할 줄 알아!
스카프 예쁘네, 혹시 귀가 시려워?
아, 아, 아니야. 내 머리 스타일이 마치 과달카날*처럼 되어 버렸거든. 파일럿들에게 행운의 표식으로 머리카락을 조금씩 잘라서 나눠주다 보니... 뭐, 전쟁에 동참할 수만 있다면, 어떤 희생이라도 감수하는 게 우리 의무니까!

* 과달카날 섬은 태평양에 있는 섬으로, 2차 세계 대전 때 연합군이 일본군에 대해 펼친 첫 대규모 공격이 벌어진 전장이다

아무튼 대단하네, '미스 기름때' 아가씨! 방어장비도 없는 이런 수송기를, 그것도 '잽' 들의 점령지 한복판에서 조종하다니, 보통 담력이 아니야!
글쎄요! 난 미련한 남자들이 할 수 있다면, 용감한 여자가 하지 못하라는 법은 없다고 늘 생각했지!
하하하! 맞아, 안젤라!

여자들끼리 하는 얘기지만… 저기… 롭이 나한테 키스해서… 화나지 않았어?
화가 나? 맙소사, 왜?
롭처럼 풋사랑에 눈이 먼 바보는 매일 아침 카페에 갈 때마다 발이 채일 정도로 많아!
그럼, 롭에 대한 미련이 없다고 이해해도 될까?

아, 당연하지! 사실 난 공연을 갈 때마다 한 명을 일부러 '편애' 해. 편애를 받는 사람은 행복해 하고, 다른 사람들은 질투에 불타오르니까!
하지만 '롭 사냥' 은 이제 시작된 거야. 미스! 수단과 방법을 가리지 않고! 누구나 자신의 행운을 시험해 볼 수 있잖아? 일본군 파일럿이 됐던 와스프가 됐던 간에!

또 물어보고 싶은 게 있어. 네 별명 말이야. 왜 하필이면 '불행' 을 의미하는 '징크스' 라는 별명을 골랐지?

그게… 이유는 아주 단순해.

?!!
맙소사!! 아아아악!
긴급! 긴급!
'닉' 이다. 내가 맡지!
그래프!
빨리 네 자리로
복귀해!
그래프!
아, 제길!

* 2차 대전 당시 일본군이 운용하던 카와사키 ki-45 기종을 가리키는 연
합군의 코드명

날개에
불이 붙었어!
기체를 버려!
뛰어! 뛰어!
?!!
이쪽으로 와요, 징크스!
다른 사람들은 죽었어!
당신의 목숨이라도 구해야죠! 어서!
빨리요! 눈을 감고 같이 뛰어요.
셋까지 센 다음, 이 빨간 손잡이 보이죠? 이걸 힘껏 당겨요!
가요! 가요!

미… 미스! 이 쪽이야!

오, 맙소사!
생존 키트를 찾아볼게요.
분명히…
소용없어! 이미 피를 많이 흘려서
난 가망 없어… 착륙할 때
나뭇가지에 복부가 스치면서
찢어졌거든…

미스… 미스 맥클라우드… 너도 나처럼 OSS 소속이지. 이륙하기 전 내가 받았던… 명령을 전해줄게…

징크스 팔켄버그… 는 '잽' 들한테
산 채로 포로가 되어선 안돼.
절대로 '토쿄 로즈' 처럼 선동 방송에 이용되게
놔둘 수 없어. 그러면 우리 군의 사기에 큰 악영향을
끼치게 될 거야. 그러니까…

만일 포로가 될 거 같으면… 임무를… 수행해!
그보다 먼저…
난 개처럼 죽긴 싫어…
그러니 내가 군인으로서…
명예롭게 전사할 수 있게
해 줘.

PAW!!

이제야 누군가 나타났군!
살려달라고 외치다가 목이 쉬어버리는 줄 알았어!
너... 너 혼자야?

맙소사!
설마 한 명도 살아남지 못하고 모두들?
그럼 사람들이 우릴 어떻게 구하러 오지?

다 큰 어른답게 우리 스스로 살아 남아야지!
미안하지만
네 발에 맞는 하이힐은
찾지 못했어.
그래도 이 군화면
쓸 만할 거야.
시체가 신었던
신발을 신으라고?
싫어!

얼른 신어.
안 그러면
놓고 갈 거니까.
신지 않으면 발가락부터
괴저병으로 썩게 될거야.

이제 이 정글엔 우리 둘 밖에 없어.
살아도 같이 살고, 죽어도 같이 죽는 거야.

신이시여, 우릴 구해주세요!

3장
브로드웨이 렌즈

리퍼블릭 P-47 썬더볼트
REPUBLIC - P-47 THUNDERBOLT

엔진	프랫&휘트니 R-2800-59	무장	브라우닝 M2 12.7mm 중기관총 8문
최대출력	2,300마력		2500파운드 폭탄, 12.7mm 로켓 10발
수평 최대속도	689 km/h		1000파운드 폭탄 2발, 144mm 로켓 6발
최대상승고도	12,810m		
항속거리	3,047 km		

*미국의 가수이자 배우. 화이트 크리스마스 등 크리스마스 캐롤을 많이 불렀다

유명 스타이자 테니스 챔피언 징크스 팔켄버그를 싣고 이동하던 C-46은 여러분들의 사기를 올려주기 위한 공연이 예정되어 있던 쿤밍에 도착하지 못했습니다. 사기 진작은 지금 여러분께 제일 필요한 거잖아요.
징크스가 타고 있던 비행기는 버마 정글 어딘가에 추락했습니다. 징크스의 시체는 지금쯤 호랑이의 뱃속에 들어가 있을 거예요.

불쌍한 징크스! 가엾기도 해라! 헐리웃에서 동화 같은 세상을 살다가, 이 머나먼 곳까지 와서 죽게 되다니... 여러분의 사기를 떨어뜨리기 위해 일부러 그런 거 같죠?

군인 여러분, 오늘 밤, 잠이 들기 전에, 말라리아 예방약 아테브린 드시는 거 잊지 마세요. 쓰디 쓴 그 약의 효능은 다른 데 있거든요. 덕분에 여러분의 피부가 누래지고, 거시기는 축 늘어져 사용할 수 없게 되죠. 고마워요, 엉클 샘!
빌어먹을 노란 빈대같은 년! 닥쳐!
나쁜 소식은 빨리 퍼지지!
뭐, 그래도 중요한 정보는 얻었어. '잽'들이 아직 징크스와 안젤라를 체포하지 못했다는 것. 체포했다면 벌써 자랑을 해도 보통 자랑이 아니었을 놈들이니까.

안젤라와 징크스를 구할 방법을 찾아야 해!
하지만 롭, 너도 C-46을 에스코트하던 라이트닝 파일럿 펠라자 대위의 비행 보고서를 읽었잖아. 전투에 신경 쓰느라 누가 낙하산을 타고 뛰어내린 걸 못 봤다고 했어!
음... 그래도 걔들이 죽었다는 증거는 없어!
살아있다는 증거도 없지!

롭! 필립! 제기랄! 여기서 뭐하는 거야? 토쿄 라디오 듣고 있을 틈이 어디 있나? 어서 서둘러! 급히 퇴각하라는 명령 못 받았어? 신 브웨이양에 주둔한 애들이 지원 요청을 했잖아. 뭔가 일어나고 있어, 곧 전투가 시작될 거란 말이다!

서둘러서 전투기에 올라타고 이륙해! 다른 밴시들은 이미 이륙했다! 너희가 이륙해야 공병 부대가 활주로를 폭파시킬 거 아니야!
제길! 안젤라의 다코타가 아직 여기 있습니다. 비행기를 빼내야 합니다!

전투기 파일럿을 이런 느림보 송아지를 이동시키는데 허비할 때가 아니야! 어서! 이륙해!

스로틀 레버 전진...
MIXTURE

점화기 전부 가동...
OFF L R BOTH

프라이밍 4회...
PUSH IN TURN
TO OPEN
TO CLOSE

스타터 15초간 작동.
ENERGIZE
START
그리고 시동!
8

살았든 죽었든 간에,
다코타에 일어난 일을 알면
안젤라가 몹시 화를 낼 거야.
씨팔! 징크스 때문에
정말 액운이 끼는 거 아니야, 이거?

안젤라! 부탁이야! 조금 쉬었다 가자. 더 이상 못 가겠어!

또?! 좋아, 이 공터에서 잠시 쉬자...

너무 느려! 이 속도로 가다간 원주민 마을에 도착하기도 전에 허기와 탈진으로 죽게 될 거야.
아, 발 아파! 발이 양쪽 다 까졌어!

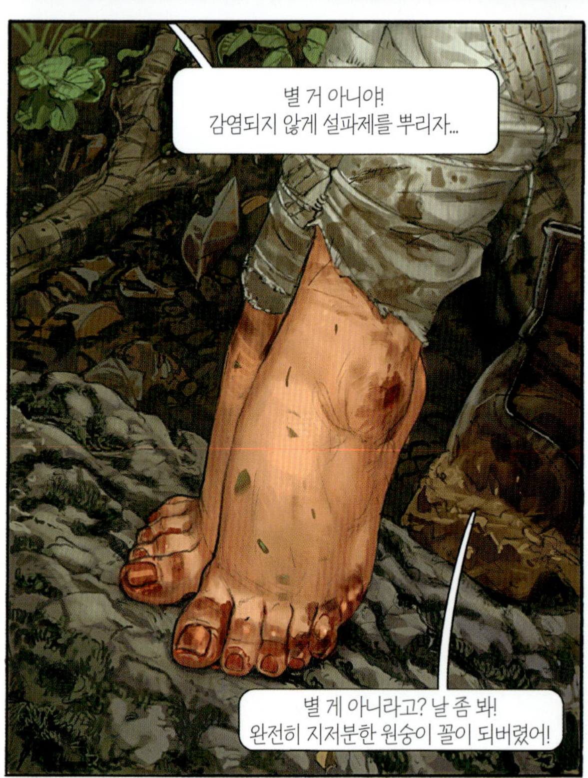

별 거 아니야! 감염되지 않게 설파제를 뿌리자...
별 게 아니라고? 날 좀 봐! 완전히 지저분한 원숭이 꼴이 되버렸어!

타잔 새 버전에서 제인 역을 제안 받았었는데... 지금 이 꼴이면 침팬지 '치타' 역밖에 주지 않을 거야, 출연료도 바나나로 줄 거고!
하긴... 지금은 잘 익은 바나나 하나라도 먹을 수 있다면 뭐라도 하겠다!
쉿! 저 소리 들려?

PAW!!

뭐였어? 어, 워... 원숭이?!

아니... 단백질 공급원이라고
해야겠지...

?!

나... 토할 거 같아...

네가 기운을 찾아야 해,
그러려면 따뜻한 피보다 나은 게 없어.
지금 이걸 마셔 둬. 이제 곧 늪지대로 들어서게 될 테고,
그럼 앞으로 이것보다 더 먹음직스러운 걸 먹을 기회는 없을 테니까!

싫어! 더 이상 한 발짝도 안 걸을 거야...
이제 못 걷겠단 말이야!
시끄러! 자, 일어나, 징크스!
밤이 오기 전에 몇 시간이라도 더 걸어야 해!

어벤저 필드 비행장, 텍사스 몇 개월 전
연습 사격 구역이다.
파일럿들이 모두 와 있었으면 좋겠네...

타겟도 우스꽝스러운데다
파일럿들이 올 때까지
기다리고 있긴 싫은데...

음, 9시 방향에 2 대, 오는군...
엉덩이에 힘 딱 주고,
긴장하고 있자.

그래, 이 놈들아.
페인트볼 가지고
장난감하고 잘 놀아 봐라.

자, 얼른 끝내.
시원한 콜라를 마시러
가고 싶단 말이야!

내가 한번 맞춰 볼까?

저번 달 웬도버 기지에서 수행한다던
이상한 임무 중에 만났지?

말해봐, 동생인 나한테도 털어놓지 않는
비밀같은 걸 만들 거야, 응?

자! 얘기해 줘!

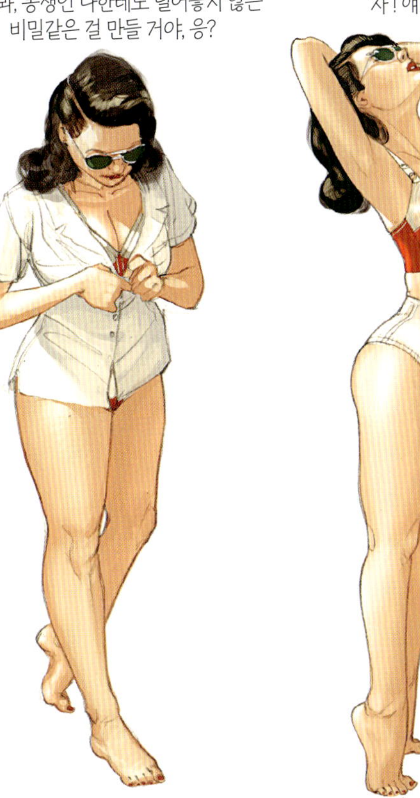

제길, 필립! 너 벌써 잊었어?

너랑 내가 징크스의 C-46 바퀴를 터트리지 않았다면, 그래서
징크스가 우리 부대에 남아 공연을 하지 않았다면 징크스랑
안젤라는 지금 이 지옥 속에서 길을 잃고 헤매고 있지 않았을 거야.

* Dinjan, 인도 동쪽 끝에 있는 도시

EVALINA

?!!
너, 국적 식별 기호 봤어?
'잽' 이야! '잽' 이라구!

제길! 내가 착각한 거야,
아니면 정말 머스탱이었어?

네가 제대로 봤어!
저 개새끼가 우리 전투기를 몰고 있어!

롭, 괜찮아? 피격됐어?
응, 별 거 아니야. 몇 방 맞긴 했는데 프로펠러는 별 이상 없이 돌고 있어. 따라와, 여길 뜨자.

내 말 안 믿을 지 모르겠지만, 너 제530비행대 문장이 뭔지 알아?
몰라, 뭔데?
'노란 전갈' 이야

한 시간 후.
와아! 야, 봤어? 아래에 꽤 많이 모여 있는데!
무슨 일이 일어나고 있는 지 몰라도 장난 아니다.

선더볼트 958호, 착륙을 허가한다. 풍향 137도, 풍속 15 노트

* 1930~40년 대에 활약했던 미국의 여배우

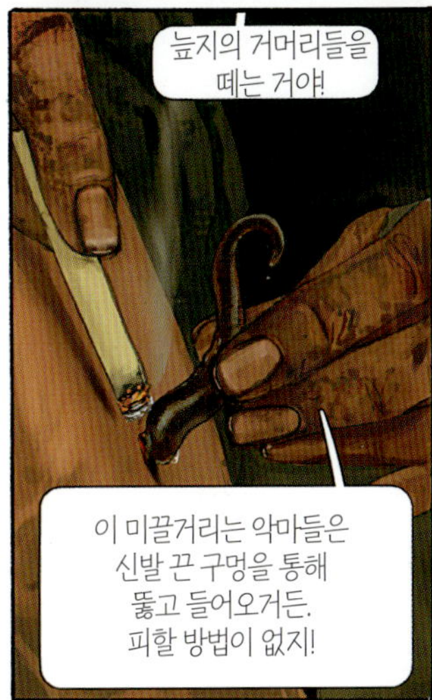

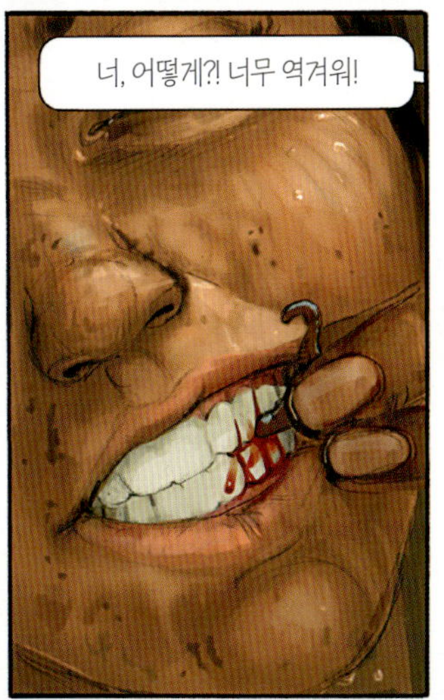

* 팻말: 활주로 / 근처에 비행기가 있을 경우 여기서 멈출 것 / 맥주 운송 화물기일 수 있음 / 주행 속도 시속 5마일 준수.

* 팻말: 작전 지휘부 / 해발 370 피트

* 2차 대전 당시 영국군과 인도군으로 구성된, 장거리 침투를 주로 담당한 특수부대

제군들, 즉 '버마 밴시' 들은 귀관들의 P-40를 이용하여 활주로 주변에
250kg 짜리 폭탄을 투하, 목표 지점의 안전을 확보하고,
그 동안 영국군 파일럿들은 지상의 일본군을 기관총으로 제거하게 된다.

이라와디강 부근
목표 지점 브로드웨이, 육안 확인 완료.
글라이더를 분리하라!

UM
MT558 UM C

아, 저기 영국군이다! 좀 늦게 오는군!
젠틀맨, 티타임을 방해해 미안하지만 말이야.
이 쪽에, 우리가 새로 둥지 지으려는 걸 방해하러 오는 '잽' 들이 있어. 폭탄 몇 개 떨어뜨려 줘!
에이 씨! 이 녹색의 지옥 어딘 가에서 내 여자 친구 둘이 허우적거리고 있을 텐데!
내가 해줄 수 있는 게 아무 것도 없다니! 아무 것도!

*미공군 제490비행대를 일컫는 명칭이다. 2차 대전 이후 해체되었다가 1955년 재편성 되어 전략 폭격기를 운영하였다. 현재는 전략 대륙간 탄도 미사일 부대로 재편되었다

* 두 사람 모두 미국의 배우. 모험극과 전쟁 영화에 많이 출연했다

화이트 시티 작전* 최전선, 몰루 마을**
드래곤플라이 레드 1호기, 여기는 지상군 쓰리 원. '잽'들이 몰려오고 있다. 좌표는 킹-원-나인. 항공지원 바란다. 오버!

* 임시 활주로 확보 작전인 코드명 '브로드웨이' 지역을 방어하기 위해 진입 도로와 철로가 있는 몰루 마을에서 벌어진 작전명 / ** 버마 북부의 마을

드래곤플라이 레드 1이다. 지상군 쓰리 원, 그 쪽으로 이동 중이다. 정보를 보내라, 오버.
라져, 드래곤플라이 레드, 놈들은 탑 동쪽, 약간 남쪽의 교차로에 있다. 서쪽 방향으로 100야드 지점에 있는 놈들을 쓸어 주기 바란다, 오버!

라져, 지상군 쓰리 원. 먼저 폭격을 한 후...
로켓으로 2차 공격을 하겠다. 모두 엄페하기 바란다, 오버.

투하 지점 상공이야! 투하!
어서! 서둘러!
'화이트 시티' 가 좀 더 하얘겼군!

좋아, 한 바퀴 돌아서
나머지를 투하하자!!

야, 조심해! 머스탱이 전방에 있어!
저 자식 뭐하는 거...

드래곤플라이 레드 1! 지금 봤어? 머스탱이 다코타를 쐈다!

씨팔! 저 새끼, 밴시 파일럿들이 말하던,
'잽' 들이 가지고 있다는 머스탱일 거야!

커버해줘,
내가 저 자식 잡을 테니까!

* 롤스-로이스사에서 개발한 12기통 수냉식 엔진

* 미국제 수냉식 엔진. 다양한 미국 육군항공대 항공기에 채택되었다.

* 1933년 5월 27일 루즈벨트 대통령이 서명한 국가 안전에 관한 법

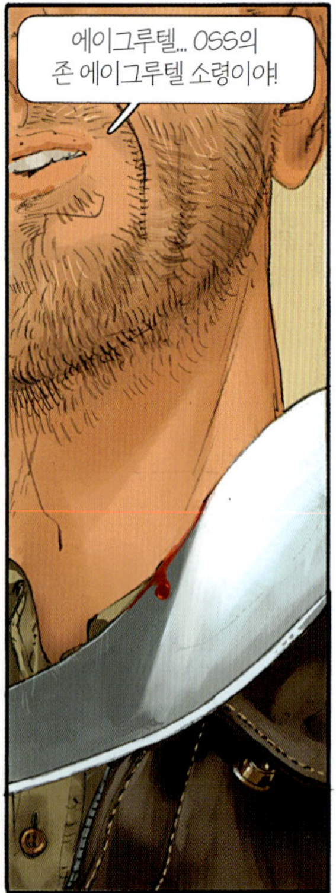

빨리 말해! 더러운 스파이년들!

백인 년, 모두 냄새나는 암캐들!
악마 나트*, 싸지른 똥이다!

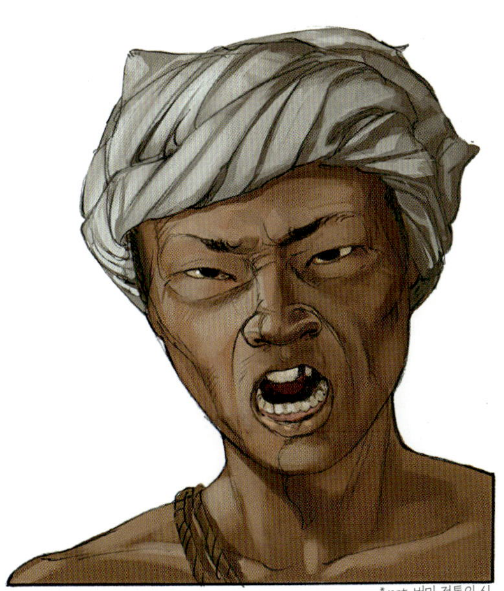

*nat. 버마 전통의 신

* '이제 미사가 끝났다' 라는 뜻의 라틴어

평화로운 성체 경배를 방해해서 죄송하군요.
적군의 손에 참수당하겠지만, 더 이상 신부님을
귀찮게 하지 않고 정글로 돌아가도록 할게요!

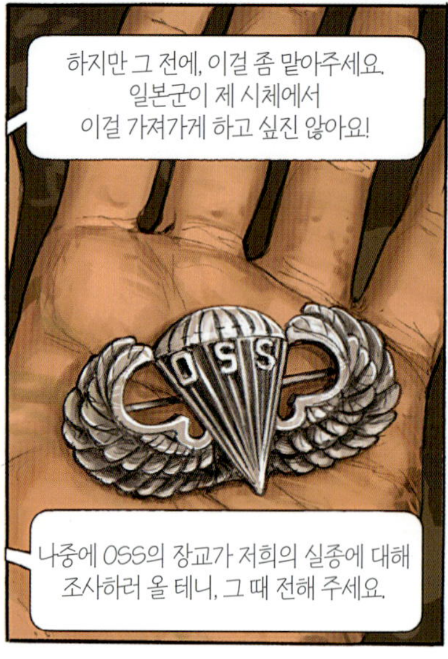

* 시코르스키 R-4B. 미군과 영국군, 특히 해병대가 2차 대전동안 운용한 헬리콥터

* 2차 대전 당시 일본군이 방어용으로 쓰던 98타입 320mm 박격포의 별칭

* 버마 서쪽에 있는 산맥

* 1941년에 발표된 노래로, 글렌 밀러가 빅밴드/스윙 스타일로 녹음했다

* 1856년, 당시 영국령이던 기아나에서 발행된 1센트 짜리 우표 중 실수로 인쇄가 파란색으로 잘못되어 수집가들에게 초희귀 우표로 꼽힌다

* 영국령이었던 버마에서 조직된 영국군이다. 1917년에 처음 조직되었을 때는
영국령 인도군에 소속된 부대였으나, 나중에 버마가 인도에서 분리된 후, 버마로 이전됐다.
* 인도군의 대위 계급
*1차 대전 이후 개발된 톰슨 기관단총의 별칭

너, 씻는다, 원한다?
물, 아주 좋다!
뱀 없다! 악어 없다!
이제 같은 팀이니까,
솔직히 말씀드릴 수 있겠군요.
저 역시 OSS를 위해 일합니다.

이 마을의 촌장은 영국군 '버마 라이플*' 의
수바다르*였죠. 또 부하들 대부분은
반일본군 카친족 게릴라인
'제101분견대' 소속이었답니다.
신부님의 신도들 몇 명이 들고 있는 토미 건*과
M-1 소총 때문에 예상은 하고 있었어요.

어, 부헤디, 내 몸매에 관심있어?
날 그저 냄새나는 암캐 취급 하더니!
우리 주술사 말했다.
나 확인하고 싶다.
모든 백인 여자,
'틸린'
없다고 했다.

VVRRRRRRRRRRRRRRR!
'틸린? 그게 뭔데?
틸린, 다리 사이 열린 구멍, 히히히!

그런데, 이 소란은 또 뭐야!

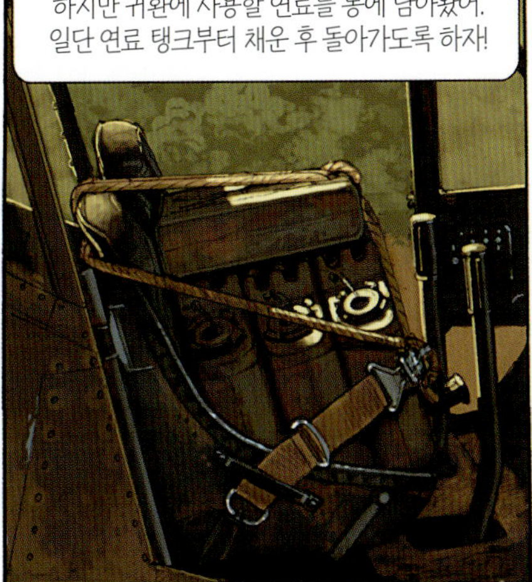

우리 아빠 아들을 꼭 원하셨대!
엄마가 그러시는데, 내가 태어나는 순간,
아빠가 '징크스' 라고 소릴 지르셨어.
미리 사둔 야구 모자, 글러브, 배트를
헛간에 갖다 놔야겠다면서 말이야.

그래서 일부러 난 그 별명을 택했고...

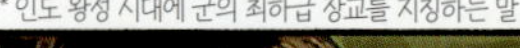

* 인도 왕정 시대에 군의 최하급 장교를 지칭하는 말

사격 중지! 사격 중지!
저기 봐, 놈들이 후퇴해!

이상하네, 어, 어, 맙소사!

'잽' 들의 폭격기다!
마을을 갈아엎으려는 거야!
모두 후퇴해! 후퇴!

정글로 피해!
어서! 서둘러!

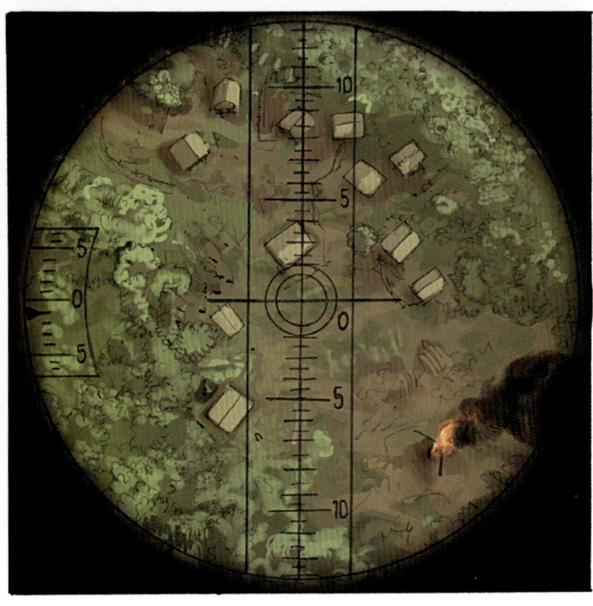

닉! 늦었어, 저 놈들이 벌써 폭탄을 투하했다구...
놈들에게 핏값을 받아내자!

사냥 개시!

조심해! 호위하는
'오스카' 네 대가
돌아오고 있어!

어쩔 수 없다. 포기하자!

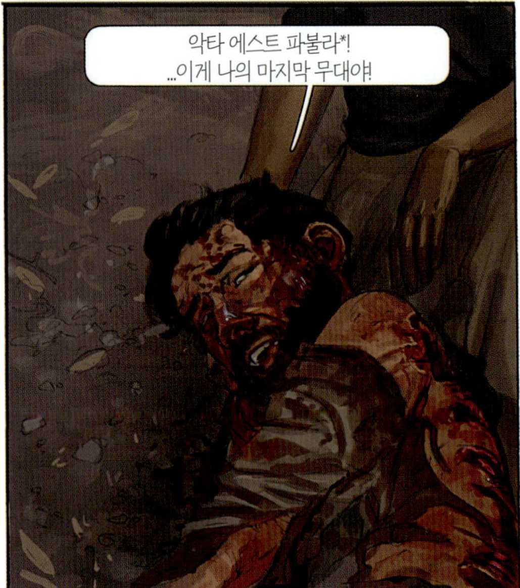

'공연은 끝났다' 라는 뜻의 라틴어. 로마의 아우구스투스 황제가 숨을 거두며 마지막으로 남긴 말

* '죽음은 마지막 해법이다' 라는 뜻의 라틴어. 끝없는 싸움에서 벗어나기 위해 죽음을 선택한다

* 밟으면 죽창에 찔리도록 만든 정글 전용 함정

조심해. 여긴 함정 많다. 너희들, 나 따라온다.
저 소리 들려? 개 짖는 소리야! 우릴 따라오고 있어!

아아아!!

이 끔찍한 소리는 뭐지?
저거, '펀지 스틱' 일본놈 발 먹었다, 히히히!

조심해, 아주 위험하다. 내가 밟은 곳, 밟는다!

저녁 무렵
위험, 끝났다, 이제! 너희들, 혼자 간다… 강을 따라 곧바로! 나 돌아가서 부족 사람들, 돕는다!
루즈벨트 대장 만세! 예수 크리스트 대장 만세!
고마워 부헤디… 행운을 빌어!

다시 물어본다… 부헤디, 알고 싶다. 백인 여자, '틸린' 있어, 없어?

백인 여자들도 '틸린' 이 있어, 하지만 날카로운 이빨이 달려있지! 크르르르!

징크스, 뭐라고 했길래 쟤가 저렇게 겁을 내?
음… 헐리웃에서 가장 무서운 비밀 하나를 가르쳐 줬거든!

어휴... 이것들까지! 이건 '덤-덤*' 이야.
쫓아내느라 기운 쏟지마, 먹잇감을 물면 놓지 않는 놈들이니까!

* 인도~중국 국경 근처에 서식하는 검은 색 날벌레의 일종

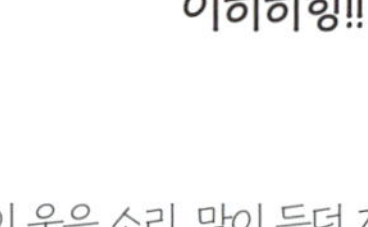

이히히힝!!

잠깐! 이 울음 소리, 많이 듣던 건데!!
미군이 훈련시킨 나귀 소리야!

* 2차 대전 당시, 미군과 영국군이 정글에서 운영하던 지상 침투 복합 부대의 이름

우린 '니세이'야. 즉 미국에서 태어난 일본 출신의 미국인이지. 우리 통신 본부에서 통역사로 일해. '잽'들의 통신을 감청하고 있어. 우린 우리 나라에 도움이 되고자 군에 지원했어. 독일 출신이나 이탈리아 출신의 다른 미국인들처럼 말이야.

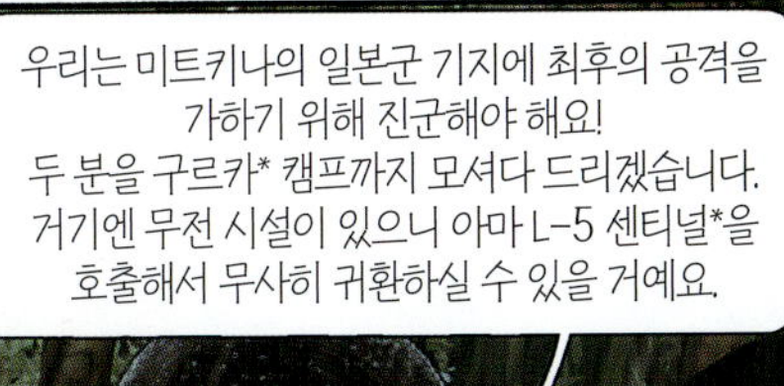

* 중국 남서부 구이저우성에 있는 도시

* 네팔의 산악지역 사람들로 이뤄진 군대
* 2차 대전시 미군과 영국군이 운용하던 연락기

* 스틴슨 L-5센티널. 2차 대전 당시 미군 및 영국군의 기지들 사이를 연결해 주던 연락기

** 웨스트랜드 라이샌더. 영국의 소형 연락기. 특수작전용으로도 널리 사용되었다.

하지만 이렇게 질척거리는 땅바닥에 그 큰 라이샌더가 착륙하기
어렵고, 이륙은 더더욱 불가능할 거에요. L-5도 버겁겠지만...

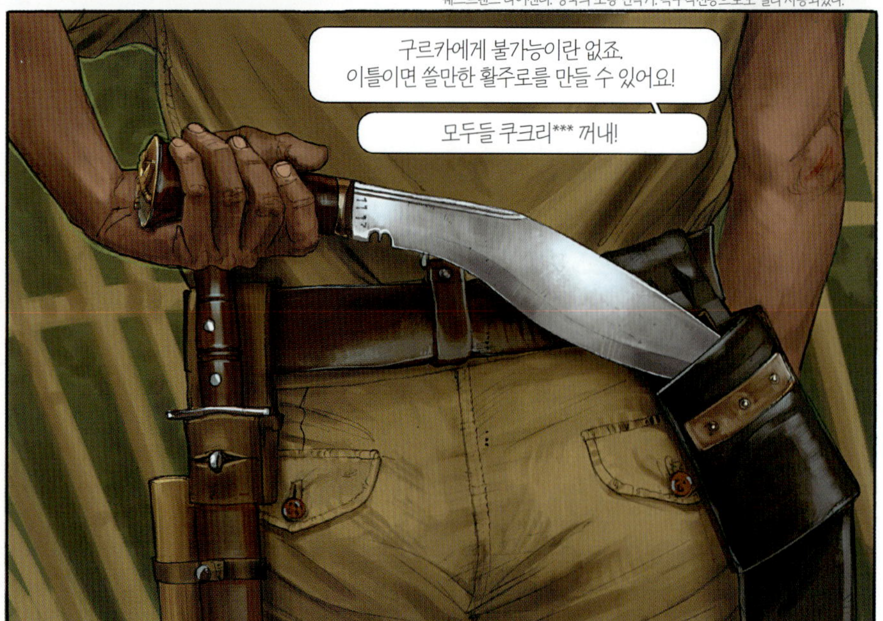

*** 구르카족의 전통 도검

140

이틀 후
이봐! 저기 온다! 활주로 빨리 정비하고, 불을 피워!!
아, 맙소사... 저게 '활주로' 라고? 채 200미터도 안되는 게?!
제길, 충분할 지 모르겠어...
V9289

안젤라! 징크스!
두 사람을 내 눈으로
직접 보기 전엔 믿을 수 없었어!
자, 어서 올라 타!

맙소사!
여... 여기에
어떻게 세 명이 타?

서둘러, 징크스!
투덜거릴 때가 아니야!

안녕하세요, 레이디!
캐슬다인 상사입니다!
제 비행기에 탑승하신 걸 환영합니다.
걱정 마세요! 이전에 수행한
'픽업' 임무 때에는
4명까지 태워 봤으니까요!

물론 그 때 태웠던 사람들은
여러분같이 흠흠,
엉뚱한 짓은 하지 않았죠.

아야! 이게 뭐야, 안젤라? 지저분하게!

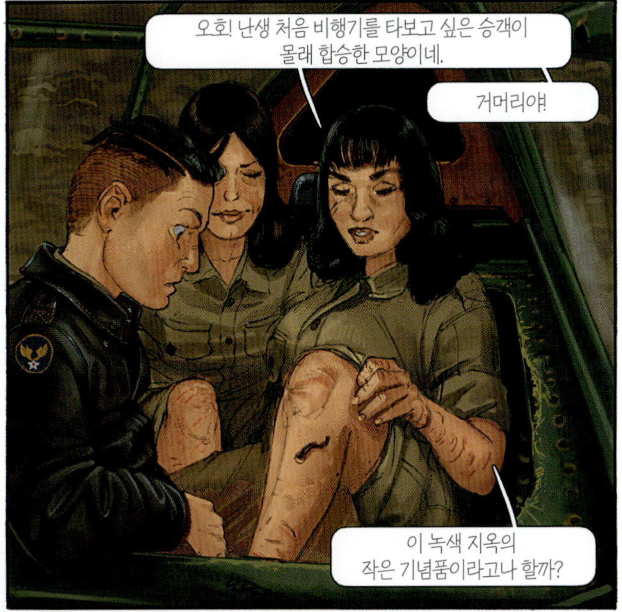

오호! 난생 처음 비행기를 타보고 싶은 승객이
몰래 합승한 모양이네.

거머리야!

이 녹색 지옥의
작은 기념품이라고나 할까?

샌프란시스코, 한 달 후.

미스 밴시 되시나요?
네, 맞아요...
에이그루텔 소령님 이시죠?
우선 저를 만나 주셔서
감사드립니다.

제가 무례한 요청을 드린 건 사과하죠.

용건만 간단히 말씀하세요. 제가 많이 바빠서
말입니다 곧 중요한 회의가 있죠...
10분 정도는 시간을 내드릴 수 있습니다!

제 말씀을 듣고 화를 내지 않으셨으면 좋겠어요, 소령님. 차 한 잔 드릴까요?
한 잔 주시죠! 그래, 웬도버 기지에 있는 일부 파일럿들이 보안 유지를 못한다고 하셨는데, 제게 알려줄 중요한 정보라는 게 도대체 뭡니까?

그것보다, 극비리에 마련된 '둥근 호박'에 대한 정보를 아가씨가 어떻게 얻게 되었죠?

솔직히 고민을 많이 했어요. 폴 티베츠 대령님은 저랑 잠자리를 하면서 기밀 사항을 자주 언급하곤 했거든요... 그래도 소령님께 이 내용을 말씀 드리는 편이 와스프로서 저의 의무이자 애국하는 길이라고 생각했어요.

제가 옆자리로 옮겨 앉아도 될까요? 큰 목소리로 말씀드릴 수 없어서...
티베츠? 제길! 그 자가 무슨 얘길 했소? 뜸들이지 말고 빨리 말씀하시죠!

맙소사! 무슨 차가 이리 써?
카친족이 재배하는 특산 마라우 차예요. 소령님 드리려고 특별히 준비했죠.

버마 현지인들은 식물 뿌리와 덩굴을 달여 만든 이 즙을 물고기의 신경 체계를 마비시키는 데 사용하죠.
그 다음엔 떠오른 물고기를 그냥 줍기만 하면 되요.

소령님은 천천히 질식하게 될 거예요. 소리도 내지 못하고, 폐 기능이 상실되면서 길고, 고통스러운 죽음을 맞이하게 되죠.

내 언니, 모렌 맥클라우드가 겪었던 바로 그 죽음을 네 놈에게 돌려주는 거다, 이 쓰레기 자식아!
뭐... 뭐? 쌍년! 우... 움직일 수... 없어!

나... 난 내 임무를 수행했을 뿐이야... 모렌은 그런 죽음을... 맞을 만 했지! 반... 역자였으니까. 나... 나한텐 즈... 증거가 있었어! 장교의 며... 명예를 걸고 말하는 거야!
헛소리!

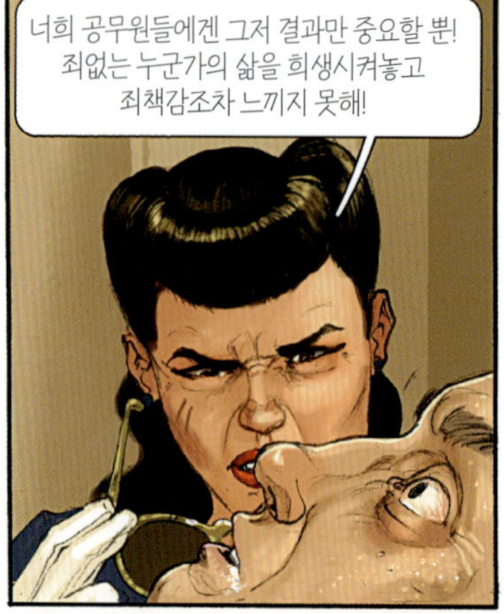

너희 공무원들에겐 그저 결과만 중요할 뿐! 죄없는 누군가의 삶을 희생시켜놓고 죄책감조차 느끼지 못해!

내... 내가 뭐하러 거짓말을 하겠어? 나... 난 어차피... 죽게 될 텐데...
네 놈 말은 믿을 수 없다! 모렌 언니가 조국을 배반했을 리 없어! 절대!

그, 그렇다면... 다... 다른 와스프의 말은... 미... 믿겠지! 모... 렌과 같이... 비... 비행하던 파일럿! 이... 이름은...

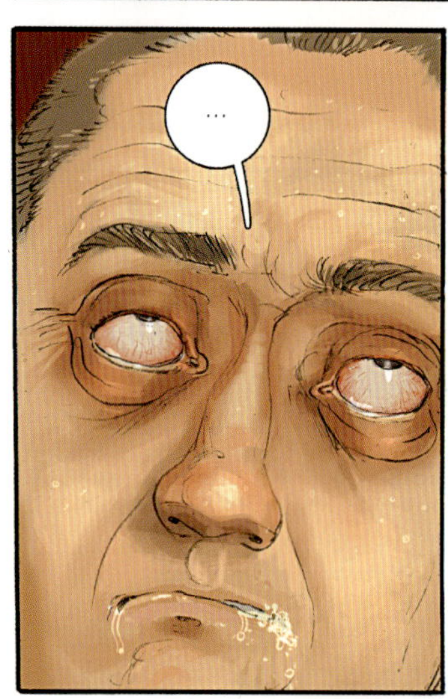

...

제길!

스타들이란 정말 수치를 몰라요! 관심을 끌기 위해서라면 무슨 짓이든 한다니까!
네?

자, 여기 보세요! '징크스 팔켄버그'!

헐리웃에서 공장 물건 찍어내듯 만들어 낸 이 여자들은 남의 시선을 끌기 위해 옷을 거의 벗고 별 짓을 다해요!!
정말 그렇네요!
Jinx Falkenburg at Yangkai in China as part of a USO tour

혹시 부인께선... 거머리 드셔 보신 적 있나요?

거머리요? 제발 그런 일은 없어야죠! 제가 왜 그런 말도 안 되는 짓을 한답니까?
드셔 보세요, 부인. 독사의 혀를 제거하는 데 특효니까요!

샌프란시스코 트래져 아일랜드, 팬아메리카 수상 비행장, 2시간 후.

승객 여러분 안녕하십니까? 여기는 기장입니다.
하와이행 팬암 026편에 탑승하신 걸 환영합니다.
저희 비행기는 18시간을 비행하여, 목적지인 호놀룰루에
현지 시간으로 아침 8시에 착륙할 예정입니다.
비행 중 기류가 조금 불안정할 것으로 예상되오니...
NC18602
계속

She's
Ready,
Too
BUY
WAR
BONDS